济南市绿色农业示范区建设的模式探索与实践

郭洪军　李　彦　主编

中国农业科学技术出版社

图书在版编目（CIP）数据

济南市绿色农业示范区建设的模式探索与实践 / 郭洪军，李彦主编 .—北京：中国农业科学技术出版社，2018. 6

ISBN 978-7-5116-3619-5

Ⅰ. ①济…　Ⅱ. ①郭…②李…　Ⅲ. ①绿色农业-农业发展-研究-济南　Ⅳ. ①S-01

中国版本图书馆 CIP 数据核字（2018）第 083575 号

责任编辑　徐　毅
责任校对　马广洋

出 版 者　中国农业科学技术出版社
北京市中关村南大街 12 号　邮编：100081
电　　话　(010)82106636(编辑室)　(010)82109702(发行部)
(010)82109709(读者服务部)
传　　真　(010)82106631
网　　址　http://www.castp.cn
经 销 者　各地新华书店
印 刷 者　北京富泰印刷有限责任公司
开　　本　710mm×1 000mm　1/16
印　　张　9. 25
字　　数　160 千字
版　　次　2018 年 6 月第 1 版　2018 年 6 月第 1 次印刷
定　　价　68. 00 元

《济南市绿色农业示范区建设的模式探索与实践》

编 委 会

总顾问 李季孝

顾　问 王奉光　袁　军　曲召令　王洪涛　聂　岩

主　编 郭洪军　李　彦

副主编 张英鹏　李斗争

编　者（按姓氏笔画排序）

于　超　马元民　马爱菊　王芙蓉
王雪影　王霄申　井永芊　卢俊英
史永晖　江　媌　苏　甲　杜立忠
杨东成　张光煌　赵乐风　赵振军
郝桂喜　段　刚　袁瑞农　贾　德
徐延熙　徐晓琳　高远胜　郭文昌
郭荣海　谈　伟　薄录吉

作者简介

郭洪军，男，1964 年生，中共党员，高级农艺师，现任济南市土壤肥料站（济南市农业环境保护站）站长。自 1985 年参加工作以来，先后在山东商河县牛堡乡农技站、商河县农业局、济南市农业局从事农技科研、推广和管理服务工作。是《棉花品种图谱》编委、《农村太阳能利用技术》主编；主持和参与实施省市县科技项目 29 项，获市县科技进步奖、国家及省农牧渔业丰收奖 21 项。主持和参与制定省市级无公害农产品生产技术规程 12 个。自 2014 年以来，重点从事土壤肥料、农业环境保护方面的工作，组织并参与了济南市绿色农业示范区建设的全过程，对农业面源污染防治工作的组织实施、防治技术集成、防治模式构建进行了积极实践与探索，在上级支持和市县土肥环保团队共同努力下，探索并总结出了绿色农业示范区建设的“济南模式”。

先后获得商河县劳动模范、济南市劳动模范、山东省农村优秀人才、获记省二等功、全省棉花生产系统先进个人、全国小蘑菇新农村建设突出贡献者、全省土肥系统先进工作者、济南市专业技术拔尖人才等荣誉称号。

2016 年被济南市人力资源和社会保障局聘为济南市院士专家基层服务工作站特聘专家。

前　　言

当前，我国农业基本解决了粮食供给问题，但由农业造成的环境污染问题却日渐突出。农业污染占全国总污染量的1/3～1/2，已成为水体、土壤和大气污染的重要来源。如何解决农业面源污染，构建环境友好型农业，是目前亟须解决的问题。

山东省耕地质量的下降形势紧迫：首先是化肥使用超量。统计数据表明，山东省年折纯化肥施用量达472.7万t，氮肥利用率为30%左右，仅为发达国家水平的1/2，其余的都残留于土壤中。农药残留污染是排在第二位的问题。现在，山东全省化学农药年使用总量一般在16万t左右，农药利用率不到30%，比发达国家低20个百分点以上，其中大部分农药残留消解在土壤、水等环境介质中。另外，在长期使用地膜的土地中，地膜残留量在每亩4kg以上，最高的已经到了11kg。另外，据不完全统计，济南市每年产生蔬菜废弃物1 000万t，大部分废弃物就地焚烧深埋，或者堆集地头路边，对生态环境造成了极大的影响。

为破解农业资源和环境瓶颈制约，加快转变农业发展方式，2014年济南市农业局出台了《关于加强济南市农业面源污染综合防治示范区建设的意见》（济农农字〔2014〕17号）和《2014年济南市农业面源污染综合防治示范区建设实施方案》（济农农字〔2014〕26号），以减肥、控药、洁田、修复、循环为主线，扎实有效地推进农业面源污染综合防治暨绿色农业示范区建设。通过几年的努力，济南市示范区的农业面源污染防治，取得了显著的成效。

为了推进相关防治经验及技术模式的推广应用，济南市土壤肥料站、济南市长清区农业局和山东省农业科学院农业资源与环境研究所等单位，组织主要参加单位及人员进行了技术模式的总结，撰写了《济南市绿色农业示范区建设的模式探索与实践》一书。

本书以长清区和济阳县的农业面源污染防治示范区建设为典型，围绕济南市农业的基本情况、济南市绿色农业模式构建的意义、主要措施和实施效果、组织实施方式与保障措施以及存在的问题与展望等几个方面进行阐述，为其他地区的农业面源污染防治示范区建设提供参考与借鉴。

由于各地区的农业面源污染具有空间异质性和不确定性，本书总结的技术模式是根据济南地区存在的农业面源污染问题提出的，因此，在内容的系统性和完整性等方面不可能十分完善，技术模式的应用具有一定的局限性，我们在此抛砖引玉，真诚希望广大学者、专家与同仁在此领域加强交流与合作，同时，希望对本书的缺点与不足提出宝贵的意见。

编者

2018 年 4 月

序　一

济南市农业局按照市委市政府生态文明建设战略部署，狠抓绿色农业生产，以绿色农业示范区建设（即农业面源污染综合防治示范区建设）为抓手，开展了技术模式和机制的研究。自 2014 年开始，按照“资源化、减量化、生态化”的发展理念，以实现清洁生产、建设美丽田园为目标，以减肥、控药、洁田、修复、循环为主线，在长清、济阳两个县区开展了农业面源污染综合防治技术示范区建设，探索和建立了符合济南实际的农业面源污染综合防治技术和管理模式，为绿色农业发展提供了有力的技术支撑和示范，目前，已在 5 个县区建立核心示范区 8 万亩。

几年来，始终坚持以推进适度规模经营为抓手，以培育新型农业经营主体为依托，以强化社会服务组织为保障，着力抓好综合防治技术措施的实施和辐射带动，初步建立起了农业面源污染防治的“济南模式”。为复制推广示范区建设的经验，不断扩大绿色农业生产的规模，在更多土地上生产出绿色安全的农产品，守护人们舌尖上的安全，济南市土壤肥料站、济南市长清区农业局和山东省农业科学院资源与环境研究所科研人员通过技术集成与创新，构建了济南市绿色农业示范区建设的技术与管理模式，辐射带动了全市绿色农业的发展。

此书对济南市绿色农业示范区建设的技术与管理模式进行了较为系统的阐释，相信会对今后绿色农业发展和生态文明建设提供许多有益的经验和借鉴。

2018 年 4 月

序　二

农业面源污染问题是一个世界性的问题。国外开始面源污染的研究始于20世纪50年代，以美国、英国、日本等为首的一些发达国家开始关注农业面源污染研究。我国的农业面源污染研究相对较晚，20世纪80年代开始进行农业面源污染情况的调查。21世纪，随着我国农业面源污染形势日益严峻，开展农业面源污染的研究与治理已迫在眉睫，农业面源污染的防控逐步成为现代农业和社会、经济可持续发展的重大课题。

2006年中国政府将控制农业面源污染，减少化肥大量施用列入了《国民经济和社会发展第十一个五年规划纲要》。近年来，中央一号文件也明确指出，农业面源污染治理是关系中国农业可持续发展和社会主义新农村建设的重要问题；《全国农业可持续发展规划（2015—2030年）》和《农业环境突出问题治理总体规划（2014—2018年）》部署了农业面源污染防治重点任务。在国家、各省市以及地区科研经费的资助下，全国开展了系统的农业面源污染防治的技术研究。尽管前期积累了大量技术与经验，但这些技术一般都缺乏系统性和可移植性，应用前景比较差。

济南市土壤肥料站、济南市长清区农业局和山东省农业科学院农业资源与环境研究所等单位的科研人员通过集成与创新现有的防控技术，因地制宜，构建了适宜山东地区的农业面源污染防控技术模式，推进了山东绿色农业的发展。

全书共设7个章节，分别从济南市农业基本情况、绿色农业模式构建的意义、主要措施、实施效果，组织实施方式与保障措施、存在的问题与展望以及相关附件7个方面作了系统完整的介绍，通过翔实的数据和大量的图片充分展现了济南市绿色农业示范区建设模式的措施与实施效果，具有很强的说服力。相信，此书的出版对农业面源污染的防控、绿色农业发展将会起到积极的借鉴作用。

2018年4月

目　　录

第一章　济南市农业基本情况

第一节　自然概况

1. 地理位置

济南市是山东省省会，全国副省级城市之一。位于山东省中部，地处鲁中南低山丘陵与鲁西北冲积平原的交接带上，南依泰山，北跨黄河，在N36°01′~37°32′，E116°11′~117°44′。地势南高北低，南部为泰山山地，北部为黄河平原，地形复杂多样。与泰安、莱芜、淄博、滨州、德州、聊城接壤，土地总面积8 177. 21km^2。济南现在共辖历下、市中、槐荫、天桥、历城、长清、章丘7个区和平阴、济阳、商河3个县，2015年年末，全市户籍总人口706万人。

2. 土地资源

济南市地貌类型南部为低山、丘陵区，北部为平原区，地势南高北低。低山丘陵主要分布在章丘、历城、长清、平阴等县区，占土地总面积的42. 4%，平原主要分布在济阳、商河2个县，占土地总面积的57. 6%。目前，土地利用类型按一级分类共有耕地、园地、林地、城乡居民点及工矿用地、交通用地、水域、未利用土地七大类，其特点是垦殖率高，后备资源少。因受生物、气候、地域等因素影响，全市土壤呈多样化，土类主要有棕壤、褐土、潮土、砂姜黑土、水稻土、风沙土、盐碱土七大类，14个亚类，32个土属，107个土种。棕壤面积39千hm^2，占6. 4%，褐土面积314千hm^2，占51. 2%，潮土面积235千hm^2，占38. 3%，风沙土面积9千hm^2，占1. 5%。砂姜黑土面积5千hm^2，水稻土面积8. 9千hm^2，盐碱土面积2. 548千hm^2，三类共占2. 6%。济南市农业历史悠久，耕地率属全省较高地区，2007年年底全市机耕总面积为260. 9千hm^2。在常用耕地面积中，水田很少，多为旱地，93. 6%的旱地可以得到有效灌溉。

3. 气候条件

济南市属于暖温带半湿润大陆性季风气候，四季分明。春季干旱少雨，多西南风；夏季炎热多雨，多雷暴天气，盛吹西南、南和东南风；秋季天高气爽，容易形成秋旱；冬季严寒干燥，多西北、东北风。全市年平均日照时数为2 481.1小时，年平均气温13.5～15.5℃，≥10℃的年平均积温在4 575.3℃，全年无霜期230天左右，年平均降水量614.00mm。全市农业自然灾害主要有旱涝、冰雹、霜冻、寒潮、大风、干热风以及病虫害等。

4. 水资源

济南市境内河流分属黄河、小清河、海河三大水系，山区北麓有众多泉群出露。境内主要河流有黄河、小清河、徒骇河、德惠新河、南北大沙河、玉符河、浪溪河等，主要湖泊有大明湖、白云湖等。水利基础设施较为完善，全市现有大中小型水库近200座。济南市水资源来自大气降水和过境河流两大部分，包括地表水、地下水及客水资源。全市多年平均降水量614mm，多年平均地表水资源量7.47亿m^3，多年平均径流深为82.7mm，多年平均地下水资源12.12亿m^3。黄河水作为济南市重要的客水资源，对济南市沿黄地区和黄河以北地区农业的高产稳产起着重要的保障作用。

第二节　农业生产

济南市四季分明，气候温和，光照充足，热量丰富，雨热同季，土地肥沃，适宜多种农作物生长发育，是我国种植业的发源地之一。主要作物有小麦、玉米、地瓜、大豆、高粱、谷子、水稻、棉花、花生、蔬菜、水果、茶叶、中药材、牧草等。

第三节　农机化概况

2015年，全市农机总动力达到585万kW，农机总值达到35.35亿元，比2014年分别增长3.2%和2%；大、中型拖拉机保有量2.43万台，小麦联合收获机7 863台，玉米联合收获机5 070台，免耕播种机1 756台，深松机878台，水稻插秧机24台。经济作物机械，如薯类、花生、大葱、大蒜、茶叶、中草药种植机械等不断增加，水产、养殖、林果、植保、农业品初加工等机械保有量，也有了快速发展。通过农机补贴政策的实施，济南市农机装备水平进一步提高，农机装备结构进一步优化，高效新型“一机多能”机具比例加大，实现了农机化发展“质”与“量”的协调发展。

2015年，全市耕、种、收综合机械化水平达到86.4%，水稻生产全程机械化推广面积达到1.2万亩，保护性耕作、土地深松、设施农业及经济作物机械化也呈现出较快的发展态势。2015年全市已登记注册的农机专业合作社达到97家，拥有农机销售企业和网点超过80家、农机维修网点近1 300个，基本形成了销售、培训、推广、维修、监管等一条龙服务体系。全市各类农机服务总收入约3.5亿元，其中，农机合作社田间作业、机具维修等服务收入约1.5亿元。

第四节 发展状况

全市农业系统适应经济发展新常态，紧紧围绕建设现代都市农业的中心任务，按照“抓住两头、放活中间”的总体思路和年初“围绕五条主线、抓好20项重点工作”的部署要求，锐意改革，创新进取，努力保持了农业农村经济发展好势头，圆满完成了“十二五”全市农业发展的各项目标任务。全年全市实现第一产业增加值305.4亿元、农村居民人均可支配收入14 232元，较上年分别增长4.1%和8.5%，农民收入增幅连续6年高于全市GDP和城镇居民收入增幅。主要做了4个方面的工作。

1. 坚守首位职责，推动农业生产供应能力保持稳定

始终绷紧重要农产品供给安全的第一职责，以建设120万亩粮食高产创建功能区为抓手，大力实施高产技术集成推广、耕地质量提升和现代植保工程，推动粮食生产实现“十三连丰”。去年全市粮食播种面积663.8万亩，总产27.5亿kg，累计建成粮食高产创建功能区80万亩，小麦、玉米高产攻关田分别创下单产733.94kg和1 092.06kg的全市新纪录，商河县成为全市首个吨粮县。推进实施菜篮子产品保供提质增效行动，建设了一大批蔬菜标准园、应急菜田和设施渔业园区，去年全市蔬菜、水产品总产达到750万t和4.76万t，较2010年分别增长9.7%和10.6%；设施农业发展到50万亩。同时，一些新兴特色产业集群正在崛起，全市茶叶、中药材分别发展到8 000亩和10万亩。

2. 秉持重要导向，推动新型农业经营体系加快构建

坚持以解决好地怎么种为导向，实施新型经营主体培育“630”工程，着力推动多种经营主体和经营方式融合发展，加快构建新型农业经营体系。章丘市、历城区分别晋升为国家和省现代农业示范区，建设的“一区六园”和200个都市农业园区总面积近60万亩，农高区“四园一校区”重点项目的辐射带动作用彰显，累计接待观摩学习超过5万人次，市内占比达到65%，逐步成为引领现代农业发展的产业综合体。去年，全市规模以上农业龙头企业发展到536家，是2010年的1.5倍，实现销售收入469亿元，其中，销售收入过10亿元的10家、过亿元的67家，带动发展“一村一品”专业村336个；农民合作社发展到5 608家，是2010年的2.1倍，入社农户30万户，辐射带动33万户，其中，市级示范社604家、省级以上示范社216家；家庭农场发展到1 276家，经营土地面积13万亩，总投入达3亿元。从各类主体中筛选出88个项目，突出吃住行游购娱六元素，编制了泉城农业“一图一册”，明确了农业优势产业“四条线”的发展路线图。

3. 牢记中心任务，推动农业质量和效益稳中有升

紧紧围绕促进农民增收、确保消费安全的中心要务，从节本增效入手，提质量、拓市场、打品牌一体化推进，实现了农业高质高效发展。实施推进清洁生产、建设美丽田园工程，以建设长清区、济阳县农业面源污染综合防治示范区为抓手，以减肥、控药、洁田、修复、循环为技术路线，带动建成各类沼气工程500处，年推广测土配方施肥面积730万亩，秸秆综合利用率稳定在95%以上，完成农业有害生物防治面积1.35亿亩、统防统治面积1 800万亩，化学农药年均用量比“十一五”减少20%。启动农产品质量安全市建设，公示农药产品2 932个，创建农资经营示范店125家，公开招聘乡镇协管员445名，建成标准化示范基地100个，“三品一标”认证总量达到982个、是2010年的1.7倍，农残合格率保持在98%以上。开发运行了掌上农业、农机APP手机软件，累计发放菜篮子工程配送车350辆，建成现代农业体验馆4处，建立了实体店与线上销售一体化营销模式，打造了一批农产品品牌，权威机构认定章丘大葱的品牌价值高达140.44亿元。

4. 强化关键驱动，推动农业发展动能持续转换

着力转变简单的要素驱动方式，坚持从科技支撑、改革创新和政策兜底多角度激发农业发展动力。以农业科技推广能力建设工程为统领，累计建成科技示范培训中心 50 处、“兴农之家” 200 家，实施科技创新、推广项目 256 项，引进应用新成果 500 余项，蔬菜集约化年育苗能力达到 5 亿株、是 2010 年的 6 倍，新型职业农民总量达到 2. 93 万人，农业科技进步贡献率提高到 65%，比 2010 年提高 11 个百分点。坚持农机农艺协调融合，全市农机总动力达到 570 万 kW，主要农作物综合机械化水平达 93. 2%，比 2010 年分别增长 26% 和 6. 2 个百分点；小麦、玉米基本实现全程机械化，建成水稻生产全程机械化示范区 1. 2 万亩，农机合作组织发展到 97 家。启动农村产权流转交易市场体系建设，全市 4 175 个村完成土地确权登记工作，占应完成总数的 98. 7%；累计流转农村土地总面积 104. 6 万亩，流转率达 21. 4%；创新“三台共建”模式，初步建成县乡村三级产权交易服务平台，组建了政策性农业担保平台，产权信息管理平台上线运行。累计落实各类支持保护性补贴 29. 3 亿元，比“十一五”增长 76. 7%；小麦、玉米、棉花政策性农业保险实现全覆盖，共为农民挽回受灾损失 1. 5 亿元。建立起精准脱贫工作机制，识别出贫困村 917 个、贫困户 10. 1 万户、贫困人口 24. 2 万人，累计投入财政扶贫资金 2. 8 亿元，30 万低收入人口受益增收，吹响了全面脱贫攻坚的号角。

第二章　济南市绿色农业模式构建的意义

第一节　绿色农业模式构建的背景

1. 模式构建的背景

农业作为与自然生态环境休戚与共的物质循环型产业，在不断同自然生态环境发生调和作用的基础下，以维持和提高物质生产率为目标而发展。农业既要为不断增长的人口提供足以保证其基本生存的粮食供给，又要兼顾改善环境，实现农业的可持续发展。当前，中国农业基本解决了粮食供给问题，但由农业造成的环境污染问题却日渐突出。农业污染占全国总污染量的1/3～1/2，已成为水体、土壤和大气污染的重要来源。农业污染是指农业生产中，氮、磷等营养物质、农药及其他有机或无机污染物，通过农田地表径流和农田渗漏，形成的环境污染，尤其是对水资源的污染。农业污染属于面源污染，是相对于点源污染而言的。如何解决农业面源污染，构建环境友好型农业，是目前亟须解决的问题。

耕地质量的下降形势紧迫。首先是化肥使用超量。统计数据表明，山东省年折纯化肥施用量达472.7万t，氮肥利用率为30%左右，仅为发达国家水平的1/2，其余的都残留于土壤中。亩平均化肥用量27.2kg，比全国平均用量高6kg，比世界平均用量高19.2kg（《第一财经日报》，2014.12.25）。超量使用化肥的后果是土壤酸化、次生盐渍化加重。近年来，山东省土壤酸化速度加快，土壤酸化造成土壤养分比例失调，作物发病率升高，农产品品质下降。

农药残留污染是排在第二位的问题。现在，山东全省化学农药年使用总量一般在16万t左右，农药利用率不到30%，比发达国家低20个百分点以上，其中，大部分农药残留消解在土壤、水等环境介质中（《第一财经日报》，2014.12.25）。造成农产品农药残留超标，影响农产品质量安全，危及公众身体健康。另外，在长期使用地膜的土地中，地膜残留量在每亩4kg以上，最高的已经到了11kg。残留地膜可在土壤中存留上百年。由于地膜厚度小，易破损，难以回收，破坏土壤结构，影响作物生长，造成减产。

据不完全统计，近年来，济南市每年产生蔬菜废弃物1 000万 t，大部分废弃物就地焚烧深埋，或者堆集地头路边，污染环境，存在交通安全隐患，对生态环境造成了极大的影响。

为破解农业资源和环境瓶颈制约，加快转变农业发展方式，2014 年济南市农业局出台了《济南市农业局关于加强济南市农业面源污染综合防治示范区建设的意见》（济农农字〔2014〕17 号）和《2014 年济南市农业面源污染综合防治示范区建设实施方案》（济农农字〔2014〕26 号），以减肥、控药、洁田、修复、循环为主线，扎实有效地推进示范区农业面源污染综合防治工作。

2. 政策依据

《全国农业可持续发展规划（2015—2030 年）》和《农业环境突出问题治理总体规划（2014—2018 年）》部署了农业面源污染防治重点任务，在重点流域和区域实施一批农田氮磷拦截、畜禽养殖粪污综合治理、地膜回收、农作物秸秆资源化利用和耕地重金属污染治理修复等农业面源污染综合防治示范工程，2015 年中共中央国务院一号文件（简称中央一号文件，全书同）对“加强农业生态治理”作出专门部署，强调要加强农业面源污染治理。

《农业部关于加快推进农业清洁生产的意见》（农科教发〔2011〕11 号）中也指出长期以来，要加强推进农业清洁生产的责任感和紧迫感，加强农产品产地污染源头预防，推进农业生产过程清洁化，加大农业面源污染治理力度。

为贯彻落实《农业部关于打好农业面源污染防治攻坚战的实施意见》（农科教发〔2015〕1 号）、《农业部关于印发〈到 2020 年化肥使用量零增长行动方案〉和〈到 2020 年农药使用量零增长行动方案〉的通知》（农农发〔2015〕2 号）等相关文件的规定和要求，结合山东省实际情况，山东省农业厅研究制定了《山东省关于打好农业面源污染防治攻坚战实施方案》（鲁农生态字〔2015〕10 号），全面贯彻党的十八大和十八届二中、三中、四中全会精神，紧紧围绕生态文明建设的总要求，着眼于转方式、调结构、促发展，坚持生态优先、全面协调、绿色循环、可持续发展理念，以促进农业资源永续利用和生态环境持续改善为目标，以“一控两减三基本”为重点，以生态环境保护、农业减量投入、资源循环利用和农业生态修复为手段，强化科技支撑、加大创新发展，大力实施《山东省耕地质量提升规划（2014—2020）》，山东省耕地质量提升工作要以农业持续增产、农民持续增收、农村环境持续改善为目标，针对当前影响我省耕地质量的地力退化、农药残留污染、地膜残留污染、秸秆未有效利用、畜禽粪便污染、重金属污染六大问题，重点组织实施土壤改良修复、农药残留治理、地膜污染防治、秸秆综合利用、畜禽粪便治理、重金属污染修复六项工程，着力推广应用水肥一体化、农药减量控害、降解地膜推广、秸秆生物反应堆、养殖场沼气建设、重金属钝化等一系列新技术、新模式，加强政策引导，强化技术创新，增加资金投入，积极构建科学合理的耕地质量提升长效机制，努力实现耕地生产能力的持续增强。着力推进农业面源污染综合防治，切实改善农村生态环境，不断提升农业可持续发展能力。

第二节　模式构建的目的

按照“资源化、减量化、生态化”的发展理念，以实现清洁生产、建设美丽田园为目标，以减肥、控药、洁田、修复、循环为主线，以集成组装配套技术为手段，济南市积极开展农业面源污染综合防治技术示范推广与机制研究，目标是初步建立起配方施肥个性化、统防统治专业化、生产经营规模化、生产主体企业化、管理服务社会化、资源利用循环化的农业面源污染综合防治“济南模式”；使示范区农业生产废弃物（农膜、残枝、秸秆等）处理及资源化利用率达到100%；实现标准化生产；建立农业面源污染防治长效运行管理机制，实现长效运行，达到示范推广目的。

第三节　模式构建的意义

绿色发展是现代农业发展的内在要求，是生态文明建设的重要组成部分。近年来，我国粮食连年丰收，农产品供给充裕，农业发展不断迈上新台阶。但由于化肥、农药过量使用，加之畜禽粪便、农作物秸秆、农膜资源化利用率不高，渔业捕捞强度过大，农业发展面临的资源压力日益加大，生态环境亮起“红灯”，我国农业到了必须加快转型升级、实现绿色发展的新阶段。

绿色农业模式的构建是将种植业、畜牧业、渔业等与加工业有机联系的综合经营方式，其利用微生物科技在农、林、牧、副、渔多模块间形成整体生态链的良性循环；它将为解决农业污染、优化产业结构、节约农业资源、提高产出效果、改造农业生态、保障食品安全等提供系统化解决方案，并打造一种新型的多层次循环农业生态系统，成就出一种良性的生态循环环境。

实施绿色发展几大行动，有利于推进农业生产废弃物综合治理和资源化利用，把农业资源过高的利用强度缓下来、面源污染加重的趋势降下来，推动我国农业走上可持续发展的道路。

第三章　济南市绿色农业模式构建的主要措施

第一节　减少化肥用量

通过实施测土配方施肥、开展节水节肥示范、启动生物有机肥补助等综合措施，减少化肥使用量。

1. 实现测土配方施肥全覆盖

对示范区内3万亩农田加大土样采集密度（设施农业采样单元为100亩），采集300个土壤样品，化验4 500项次，提高土样化验的准确率，为示范区建立土壤养分档案，科学确定配方（图3-1、图3-2）。

图3-1　土样采集

图 3-2　设施水肥一体化

2. 开展节水节肥示范工程

在长清区和济阳县先后建设了水肥一体化示范区1 100亩和600亩，山东首农西区生态农场有限公司、山东恒源生态农业开发有限公司、济南市长清区天润园蔬菜种植专业合作社、济南伟农农业技术开发有限公司等园区建设水肥一体化示范区1 000亩（设施蔬菜、露地蔬菜），在永丰种业有限公司建设大田作物水肥一体化示范区100亩，实现不同作物、不同模式的水肥一体化技术集成展示，安装了施肥器、过滤器、输水管道、滴灌管等。示范区内水肥一体化建设，按照设施内面积补助上限1 500元/亩，露地面积补贴上限500元/亩，根据建设情况对实施主体进行补助（图3-3）。

3. 采取有机肥替代化肥措施

引导示范区内规模化经营的涉农企业、农业合作组织、农业园区（基地）、家庭农场、种粮大户等新型农业经营主体，使用生物有机肥（微生物菌剂、秸秆腐熟剂等），推广秸秆直接还田、过腹还田，秸秆生物反应堆等技术，通过强化深耕深松作业等措施来增加土壤有机质，示范带动减肥效应。使用生物有机肥，一般亩用量330kg，折合每亩成本200~300元。

对示范区内新型农业经营主体自行采购列入目录的生物有机肥（微生物菌剂、秸秆腐熟剂等）、水溶肥料，采用物化补贴的方式直接对新型经营主体进行补贴（表3-1）。

图 3-3　大田水肥一体化

表 3-1　济南市农业面源污染综合防治示范区肥料发放情况统计

单位名称	单位性质	联系人	电话	地址	种植作物	流转面积（亩）	核实面积（亩）	发放数量（t）	肥料类型
济南市长清区泓瑞家庭农场	家庭农场	石东东	18264161103	藤屯村	蔬菜	150	130	43	生物有机肥
济南市长清区景然家庭农场	家庭农场	冯学双	13065073999	许寺村	蔬菜	22	15	5	生物有机肥
济南市长清区天润园蔬菜种植专业合作社	合作社	李　波	18954193666	娘娘店村	蔬菜	243	234	77	生物有机肥
李保山	种植大户	李保山	13583179919	新李村	蔬菜	30	30	10	生物有机肥
山东恒源生态农业有限公司	农业园区	张艺华	13969059977	许寺村	蔬菜	763	737	242	生物有机肥

（续表）

单位名称	单位性质	联系人	电话	地址	种植作物	流转面积（亩）	核实面积（亩）	发放数量（t）	肥料类型
山东首农西区生态农场有限公司	农业园区	周　浩	18678809668	后朱村	蔬菜	2 025	1 180	388	生物有机肥
济南伟农农业技术开发有限公司	合作社	张昌荣	15066671533	张桥村	蔬菜	501	350	115	生物有机肥
济南市长清区瑶玮兴家庭农场	家庭农场	张立田	15854108288	怀庙村	蔬菜、小麦	106	92	30	生物有机肥
济南市长清区绿优家庭农场	家庭农场	田栋栋	18678306322	北汝村	蔬菜	14	14	5	生物有机肥
济南市长清区润成农场	家庭农场	李汉成	18254133111	石马村	蔬菜	33	33	11	生物有机肥
济南市长清区东岳蔬菜种植专业合作社	合作社	曹汉良	13153136222	小王村	蔬菜	180	173	57	生物有机肥
济南石马农业科技有限公司	农业园区	王瑞卿	18663733739	石马村	蔬菜	369	350	115	生物有机肥
山东高速生物工程有限公司长清分公司	农业园区	徐　腾	18553152033	西潘村	蔬菜	211	185	61	生物有机肥
济南市长清区祥盛家庭农场	家庭农场	褚学武	13475933303	新朱村	桃树、西瓜	75	75	25	生物有机肥
刘洪庆	种植大户	刘洪庆	15066138887	中楼村	小麦、玉米	50	45	15	生物有机肥
济南市现代农业发展有限责任公司	农业园区	张栋	18678810828	小范村	蔬菜、作物	678	315	104	生物有机肥
济南市长清区中和绿能家庭农场	家庭农场	顾琳琳	13355317075	纪店村	土豆、蔬菜	85	85	29	生物有机肥
田友成	种植大户	田友成	13376411999	大于村	白菜、芦笋	31	31	10	生物有机肥
邹建亭	种植大户	邹建亭	13705414961	石马村	蔬菜	30	30	10	生物有机肥
付延丽	种植大户	付延丽	13854161701	藤屯村	圆葱	60	60	20	生物有机肥
付春水	种植大户	付春水	13406982984	藤屯村	圆葱	70	70	23	生物有机肥
济南市长清区延春果品种植农民专业合作社	合作社	田志芹	15269108951	小于村	葡萄	20	20	6	有机肥
济南市长清区超然家庭农场	家庭农场	袁红军	18663701897	袁庄村	小麦、玉米	128	128	43	有机肥
济南宏鑫农业科技开发有限公司	农业园区	齐　勇	13905412288	石庄村	果树、蔬菜	558	220	75	有机肥

（续表）

单位名称	单位性质	联系人	电话	地址	种植作物	流转面积（亩）	核实面积（亩）	发放数量（t）	肥料类型
济南市长清区高科小麦种植专业合作社	合作社	张立顺	87412986	藤屯村	小麦、玉米	420	420	143	有机肥
赵　凯	种植大户	赵　凯	18453189888	赵庄村	土豆	62	62	21	有机肥
济南市长清区鑫润大樱桃种植专业合作社	合作社	石建刚	18954190388	名庄	樱桃	37	37	15	有机肥
济南市长清区良种示范繁殖农场、济南永丰种业有限公司	农场	张　磊	13583177516	百王村	小麦、玉米	367	280	95	有机肥
济南市长清区瑞丰农作物种植专业合作社	合作社	田志勇	15054108988	小王村	小麦、玉米	88	88	30	有机肥
王炳伟	种植大户	王丙伟	13205416083	北张村	小麦、玉米	31	31	10	有机肥
济南市长清区亭翔济康果蔬种植专业合作社	合作社	张富祥	13884992999	石马村	蔬菜	28	28	9	有机肥
山东恒源生态农业有限公司	农业园区	张艺华	13969059977	许寺村	蔬菜	763	737	6	微生物菌剂
山东首农西区生态农场有限公司	农业园区	周　浩	18678809668	后朱村	蔬菜	2 025	1 180	5	微生物菌剂
济南伟农农业技术开发有限公司	合作社	张昌荣	15066671533	张桥村	蔬菜	501	350	5	微生物菌剂
济南宏鑫农业科技开发有限公司	农业园区	齐　勇	13905412288	石庄村	果树、蔬菜	558	220	3	微生物菌剂
济南市长清区天润园蔬菜种植专业合作社	合作社	李　波	18954193666	娘娘店村	蔬菜	243	234	3	微生物菌剂
济南盛禾农业科技有限公司	农业园区	程继勇	15554161177	济阳县农业科技示范园	西瓜 葡萄	150		3	水溶肥
济南泰昊农业科技有限公司	农业园区	姜佃勇	18953120567		甜瓜 番茄	155		3	水溶肥
济南众恒农业科技有限公司	农业园区	陈元波	13306443888		葡萄	500		3	水溶肥

（续表）

单位名称	单位性质	联系人	电话	地址	种植作物	流转面积（亩）	核实面积（亩）	发放数量（t）	肥料类型
济南济北瓜菜购销有限公司	农业园区	王加强	13969166858	东索村	番茄	160		3	水溶肥
济阳鸿福蔬菜专业合作社	合作社	李秀峰	15069073456	尚坊村	番茄	410		38	水溶肥

共计补助36家单位，补助总面积6 924.6亩。其中，有机肥补助面积1 314亩，生物有机肥补助面积4 235.6亩，水溶性肥料1 375亩。有机肥总补助数量447.6t，生物有机肥总补助数量1 395.3t，微生物菌剂用于沤制池补助数量22.2t，水溶性肥料17.34t。

4. 智能化配肥系统建设

在济南伟农农业技术开发有限公司建设配肥站1处，配备小型智能配肥机及相关配套设施。针对不同作物不同地块实现了测土配方施肥个性化（图3-4、图3-5）。

图3-4　配肥站

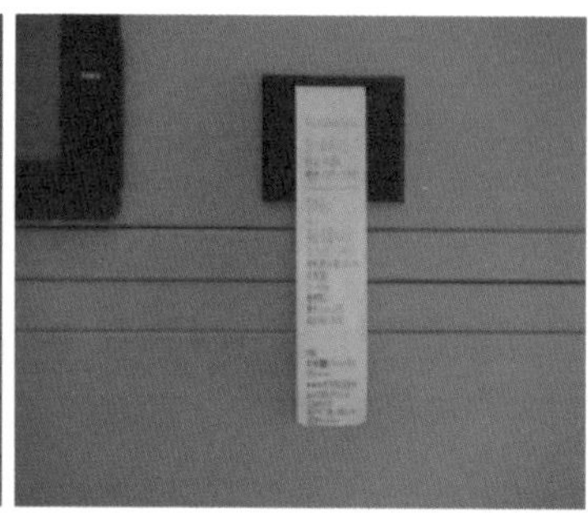

图 3-5　配肥机

第二节　控制农药用量

通过建立病虫害监测基点，采取病虫害专业化统防统治等措施控制农药用量。

1. 建立农业病虫害监测基点

在示范区内建设农业病虫害监测基点 2 处，配备了太阳能全自动虫情测报灯、太阳能杀虫灯、田间小气候观测仪、病虫远程诊断系统等相关仪器设备，实时测控病虫害和温度、湿度、雨量等气候状况，实时联网传报（图 3-6）。

图 3-6　农业病虫害监测基点

2. 实行农业病虫害专业化统防统治

统防队伍的详细情况，见表3-2，图3-7、图3-8。

表3-2　统防队伍的详细情况

名称	队长	队员	负责村	防治面积（亩）
一队	刘庆良：15264115114	李　静、李　涛、刘庆海、单秀坤、解吉成、怀　震、李　斌、李　林、李洪臣、张高深、张拱山	娘娘店村、怀庙村、纪店村、小庞村、红庙村、后王村、前王村、潘庄村	小麦4 142 玉米4 064
二队	史河成：13853156989	李克广、史茂山、史连成、李文志、史平山、王怀增、赵世刚、张志生、王玉成、韩光生	史庄村、丁店村、后朱村、邢楼村、北郭庄村、老拐子李村	小麦4 505 玉米4 410
三队	段德华：13969074859	王树广、孔凡广、段耀峰、赵世界、赵昌泉、孔令富、马登起、赵士振、赵昌福、赵昔仓	老马店村、马店村、前朱村、老楼子村	小麦 4 347 玉米 4 304
四队	王孝美：13065076363	李宝山、于延凯、于希杰、王孝生、孙秀红、褚红军、卢圣杰、韩传水、贾子明、卢道理	冯庄村、新朱村、新李村、靳庄村、许寺村、卢庄村、小于村	小麦 5 015 玉米 4 893
济南盛禾农业科技有限公司	赵希水	戈永堂、张宝生、张庆友、刘修泽	济南盛禾农业科技有限公司	西瓜、葡萄：150
济南泰昊农业科技有限公司	姜如民	陈玉照、姜亭才、陈玉平、李建军	济南泰昊农业科技有限公司	甜瓜、番茄：155
济南众恒农业科技有限公司	张耐新	马洋洋、孙立国、鞠秀勇、鞠秀霞	济南众恒农业科技有限公司	葡萄：500
济南济北瓜菜购销有限公司	张永安	张相路、王国柱、马居祥、李乐忠	济南济北瓜菜购销有限公司	
济阳鸿福蔬菜专业合作社	马光军	李秀福、马居利、李佃军、李佃民	济阳鸿福蔬菜专业合作社	番茄：410

图 3-7　统防统治专业化组织

图 3-8　统防统治制度建设

在长清区和济阳县示范区组建了 9 支专业化统防统治队伍，配备了自走式高杆喷杆喷雾机、电动喷杆喷雾机、静电电动喷雾器、喷雾机等药械和农药防治作业防护服等。实现了专业化统治防治，探索出专业化防护统治的有效模式（图 3-9、图 3-10）。

3. 其他控药措施

在长清区和济阳县示范区内建立了 1 500亩以生物防治为主的设施蔬菜生物防治示范区，综合运用频振式杀虫灯、粘虫板、防虫网等综合防治措施降低农药残留，推进绿色化生产（图 3-11）。

图 3-9　统防统治机具

图 3-10　统防统治现场

图 3-11　物理防治

第三节　清洁田园建设

1. 建设农作物秸秆等有机物沤制池

在长清区和济阳县示范区内建设大中型有机物沤制池 11 处，每处配置小型装载机、粉碎机、出料机各 1 台套（图 3-12）。

图 3-12　有机废弃物收集处理所用机具

2. 建设农业废弃物收集点

在长清区和济阳县示范区内建设农膜、农药包装袋/瓶等农业废弃物收集点

20个（图3-13、图3-14）。

图3-13 有机物沤制池

图3-14 废弃物收集点

3. 建设社会化服务中心

在济南伟农农业技术开发有限公司建设社会化服务中心1处，集中处理示范区内小型收集点的农作物废弃物。

社会化服务中心年处理农作物秸秆废弃物、果蔬废弃物、畜禽粪尿等4 000余t，年产有机肥3 000余t（图3-15）。

图3-15　专家现场指导

第四节　实施土壤修复工程

在济阳县示范区内针对五年以上的老棚推广土壤熏蒸、微生物活化修复进行土壤消毒，杀灭根结线虫、松解板结土壤、提升土壤活力，修复面积120亩，大棚60栋。对60户菜农发放液体氰胺化钙6 000kg、枯草芽孢杆菌1 440kg、有机肥（稻壳鸡粪）48 000kg、中微量元素肥720kg、含氨基酸水溶肥料240kg、8%宁南霉素240kg（图3-16）。

图 3-16　土壤修复

第五节　开展循环农业示范

通过“三沼”及太阳能综合利用，推广生态农业技术模式，推动循环农业发展。按照产业链条延伸要求，推广“畜沼菜”、太阳能综合利用等生态循环模式，实现零排放、零污染的良性循环。建立质量可追溯制度，鼓励“三品”认证、商标注册，提升产品档次。

以下几个典型案例，主要包括种养有机废弃物堆沤有机肥、制作蚯蚓粪有机肥和生物质能源化利用模式。

1. 济南伟农农业技术开发有限公司的堆沤肥模式

济南伟农农业技术开发有限公司投资 150 余万元建设完成了 1 000m^3 发酵池、1 000m^3 蔬菜废弃物沤制池、700m^2 生产厂房，配备了粉碎机、小型装载机、三轮车等常用设备。设立专人定期在平安街道蔬菜专业村、家庭农场、农业园区进行农业废弃物收集，统一粉碎沤制，复配其他种养业残料及加工业下脚料，加入功能菌种，制成生物有机肥（图 3-17）。

图 3-17 秸秆处理沤制有机肥

2. 山东恒源生态农业开发有限公司的生物质能综合利用模式

公司根据园区实际情况，结合济南市农业面源污染综合防治示范区建设，建设有机废弃物综合处理中心，处理园区有机废弃物、畜禽粪尿。

综合处理中心以园区的果蔬废弃物、农作物秸秆、畜禽粪尿等联合有机物作为发酵原料，采用高浓度厌氧发酵技术进行混合发酵，产生的沼气作为炊事用气，产生的沼渣沼液经固液分离后，沼渣做成有机肥供基地内蔬菜大棚施肥，沼液经过滤稀释后进入园区液态肥施肥系统，有效解决农业秸秆、畜禽粪尿等废弃物对环境造成的污染，实现农业基地生态农业的有机循环（图 3-18、图 3-19、图 3-20）。

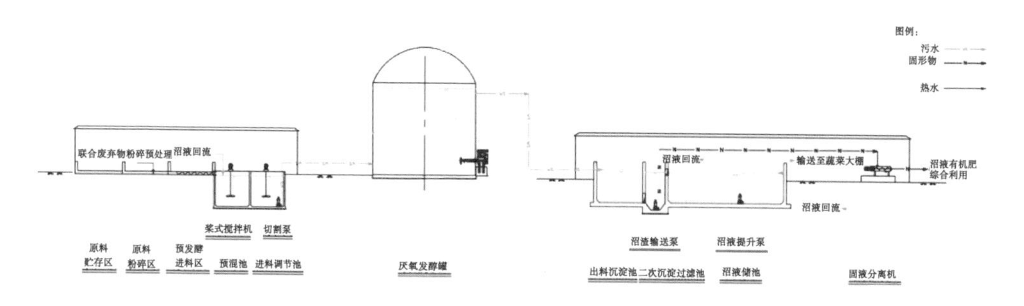

图 3-18 工艺流程

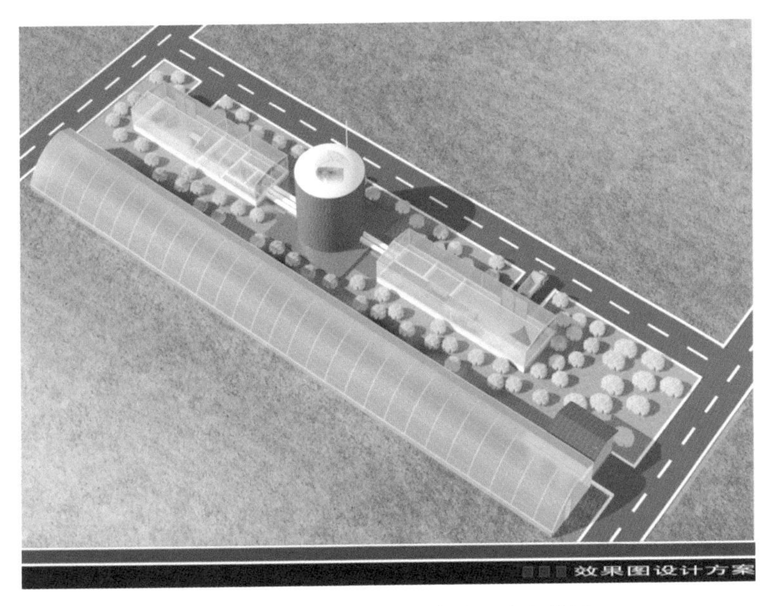

图 3-19　有机废弃物综合处理中心设计

图 3-20　有机废弃物处理中心

3. 利用有机废弃物生产蚯蚓粪有机肥的循环模式

2016 年引进济南瓦力农业科技有限公司有机肥的循环模式技术，利用蚯蚓喜食菜叶、秸秆、畜禽粪便、处理量大、繁殖率高等特性，集中消化分解蔬菜鲜秸秆及畜禽粪便，可年消耗秸秆 7 万 m^3，畜禽粪便 3 万 m^3。

主要建设内容：铺设处理秸秆蚯蚓养殖蚓床 70 亩；购置秸秆运输车辆 2 辆、大型秸秆粉碎机 1 台、抓草机 2 辆、小型装载机 2 辆、三轮运输车 2 辆、布粪机 2 辆；修建钢结构连栋棚 1 栋，面积 2 000m^2；修建排水沟长 1 400m、宽 0.5m、深0.8m；新建厂区四周新建围网1 500m及相关附属设施。当年为示范区内生产基地提供蚯蚓粪生物有机肥330m³（图3-21）。

图3-21　有机废弃物生产蚯蚓粪有机肥现场

第六节　保障措施

1. 领导重视，责任明确

农业面源污染综合防治项目受到各级领导的关心和支持，有中央农村工作领导小组、省市多位领导在项目实施期间亲临现场指导工作（图3-22至图3-26）。

图3-22　中央农村工作领导小组副组长袁纯清视察指导

图 3-23　山东省农村工作领导小组副组长王军民视察指导

图 3-24　山东省政府副省长赵润田视察指导

图 3-25　济南市政府副市长李宽端视察指导

图 3-26　济南市农业局局长李季孝视察指导

图 3-27　济南市农业局副局长王奉光现场指导

图 3-28　济南市农业局副巡视员袁军现场指导

2. 做好区域规划，搞好环境整治

对示范区内各功能区统一布局规划、统一标牌制作。在 220 国道、南水北调工程、济西湿地南邻等示范区出入口、重点地段，制作大中型宣传牌 4 个，在承担示范任务的园区（基地）设立中型标志牌 5 个，在示范区村落周边、道路两侧等明显位置，张贴、印制各种形式的宣传标语、条幅等 100 处，印发各类宣传资料 1 万份。搞好示范区内环境治理，使乡村美丽、村容整洁、道路洁净、布局有序（图 3-29、图 3-30）。

图 3-29　现场宣传

图 3-30　现场宣传指导

3. 完善服务，确保长效

完善污染后续管理服务机制。加强后续管理服务，探索完善后续服务运作模式，确保已治理实现污染零排放。

4. 积极宣传引导，营造工作氛围

充分利用各种媒体，广泛宣传农业生态环境保护工作重要性，采取农民易于接受的形式，传播各种典型模式和先进经验，营造有利于农业生态保护和建设的良好社会氛围，发动群众参与农业生态环境建设。重点利用广播、电视、网络等现代媒体与技术，结合宣传卡片、村务公开栏、科技入户等形式，加大对广大基层农技人员、农民示范户的宣传和教育力度，提高种植户的环境保护意识，增加对防治工作的配合支持，形成良好的工作氛围（图 3-31 至图 3-36）。

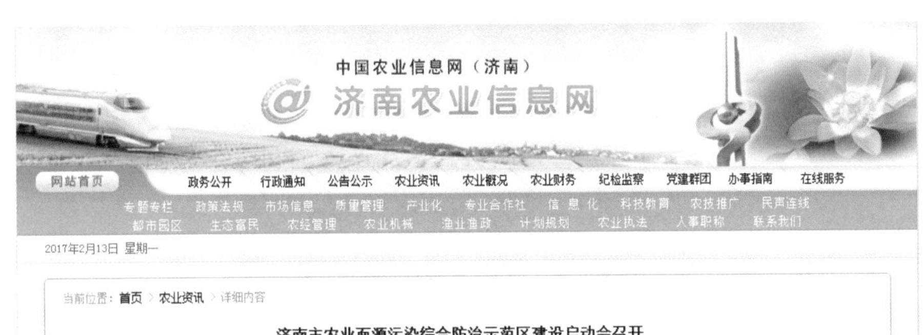
中国农业信息网（济南）
济南农业信息网
网站首页 政务公开 行政通知 公告公示 农业资讯 农业概况 农业财务 纪检监察 党建群团 办事指南 在线服务
专题专栏 政策法规 市场信息 质量管理 产业化 专业合作社 信息化 科技教育 农技推广 民声连线
都市园区 生态富民 农经管理 农业机械 渔业渔政 计划规划 农业执法 人事职称 联系我们
2017年2月13日 星期一

当前位置：首页 > 农业资讯 > 详细内容

济南市农业面源污染综合防治示范区建设启动会召开

2014-7-1 点击1222次

7月1日，我局组织召开济南市农业面源污染综合防治示范区建设启动会。市局李季孝局长、王奉光副局长出席会议，六个农业县（市）区农业局及长清区农机局、蔬菜中心主要负责人，长清区农办分管负责人，和市局相关处（室）站负责人参加会议。

与会人员实地查看了泓瑞农场、兴农之家、首农集团济南蔬菜基地等面源污染防治示范区建设涉及单位，李局长就各单位取得的成绩予以肯定，并对各单位今后的发展提出了指导意见。

会议上，王奉光副局长代表市农业局对面源污染防治示范区建设具体实施方案进行了安排部署，长清区农业局高远 胜局长作了表态发言，李季孝局长作重要讲话。

李季孝局长指出，要切实增强责任感和紧迫感，加快转变农业发展方式，狠抓农业面源污染治理，提高资源永续利用能力。并围绕抓好全市农业面源污染综合防治示范区建设提出了要求：一要抓规划，引领推进农业面源综合防治。二要抓减量，把过量使用的投入品降下来。三要抓修复，努力恢复并提升土壤地力。四要抓循环，提高农业残留物资源化利用水平。五要抓治理，打造清洁的田园村庄。六要抓责任，确保综合防治任务落到实处。

图 3-31 济南农业信息网页

济阳县农业局

聚焦农业 服务农村

117年3月6日 星期一 农历二月初九 全文检索 搜索

首页 工作动态 乡镇动态 现代农业 科技服务 通知公告

园区
龙头企业
新型主体
科技信息
科技培训
实用技术
安全监管
农经管理

党的群众路线教育实践活动

您的位置 Position 正文

县农业局开展设施菜田土壤修复工作

发布时间：2016年09月26日 阅读次数：255 字体：【大 中 小】 【关闭窗口】

县农业局开展设施菜田土壤修复工作

设施蔬菜由于生产复种指数高，以及封闭、半封闭的环境，导致设施菜田土壤次生盐渍化、土壤板结、土壤微生物区系平衡紊乱，肥料利用率低，土传病害加重等问题。为确保耕地资源有序利用，促进蔬菜可持续发展，县农业局积极开展设施菜田土壤修复工作。

为做好土壤修复这项工作，县农业局利用面源污染综合防治示范区建设项目，依托山东省农科院农业资源与环境研究所，在济南济北瓜菜购销有限公司生产基地，多次召开现场培训会，充分运用土壤深翻消毒、蚯蚓生物有机肥改良土壤、水肥一体化、土壤调理剂改良等技术措施，修复大棚60多个，面积120亩，发放物资价值40余万元。

下一步将继续加大对示范区菜农的培训力度，并做好修复大棚技术跟踪服务和数据监测，包括土壤修复后的样品采集与化验、肥水管理、产量及农艺性状调查等，为项目评价提供数据支撑。（土肥站）

图 3-32　济阳县农业局网页（1）

济阳县农业局

聚焦农业　服务农村　致富农民

全文检索

您的位置 Position

· 园　区
· 龙头企业
· 新型主体
· 科技信息
· 科技培训
· 实用技术
· 安全监管
· 农经管理

党的群众路线教育实践活动

县农业局发放农业面源污染综合防治示范区建设土壤修复物资

发布时间：2016年09月26日　　字体：【大 中 小】　【关闭窗口】

县农业局发放农业面源污染综合防治示范区建设土壤修复物资

为加快推进济阳县农业面源污染综合防治示范区建设设施土壤修复工作，8月27日，县农业局在[illegible]有限公司集中发放了设施土壤修复补助物资。发放的补助物资主要有液体氰胺化钙6000公斤、枯草芽孢杆菌1440公斤、有机肥48000公斤、中微量元素肥720公斤、含氨基酸水溶肥料240公斤、8%宁南霉素240公斤。物资发放前，就土壤修复的技术措施对相关大棚农户进行了技术培训。（土肥站）

图 3-33　济阳县农业局网页（2）

三农之家

建立综合防治示范区　推进农业面源污染治理

我市“清洗”3万亩农田

据农业专家测算数据显示，一亩地（大棚）种植西红柿，产出生物产量即植株加果实的总重达2.5万公斤，而真正可食用的果实本身，即经济产量只有1万公斤，仅占生物产量的2/5。一亩土地的产出中，有3/5没有被利用起来，这不仅是一种浪费，还引发了一种农田污染——有机生活垃圾污染。除有机生活垃圾外，化肥、农药过量使用，农膜、农药包装袋等化学生活垃圾大量产生等现象都是造成农业面源污染的重要因素。2014年起，我市提出《关于加强我市农业面源污染综合防治示范区建设的意见》，在全市建设一批总计3万亩的济南市农业面源污染综合防治示范区，为全市农业面源污染防治探索技术路子和示范经验。

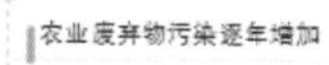

据了解，从每年的4月至11月底，是各类农作物集中收获的时节，田间地头都不能及时把秸秆运至集中的储存地点，经过雨水侵泡和暴晒，秸秆、粪便和农膜都是对有机面源污染的威胁。[illegible]

除有机废弃物污染外，废弃农膜也不容忽视。据介绍，全市耕地面积621.3万亩，农业种植结构中果品、蔬菜种植和[illegible]。其中，全市设施蔬菜面积达318万亩，农膜使用量达到8000吨，地膜残留量约1700余吨。

据统计我市农业生产特点，约有30余种农作物种植需要使用农膜，[illegible]

[illegible]

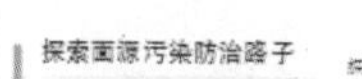

[illegible]

一个沤制池节支50万元

[illegible]

山东水产品合格率98.8%

[illegible]

共完成1286个批次、3141个省级水产品监督抽查和风险监测检验任务，合格率为98.8%，比2013年提高0.7个百分点，比2012年提高18个百分点，创近年来最好水平，总体上看，山东水产品质量安全总体稳定。

腊山分洪工程能力提升

本报讯（记者　孙杰）记者日前从获悉，腊山分洪京台高速段河道拓宽，标志着腊山分洪工程泄洪能力大大提高，河道周边环境也进一步得到改善。

为达到腊山分洪工程设计要求，去年我市启动腊山分洪京台高速段河道综合整治工程，经过两个多月的施工，该工程即将完工。该段河道综合整治工程主要包括河道拓宽衬砌、河道护堤以及京台高速桥梁桩基防护等。工程完成后，腊山分洪京台高速段河道将得到拓宽，腊山分洪工程整体过水能力将极大提升。除此之外，腊山分洪道上游约12公里的河道还新建了多处集水井、灌溉渠系统和道路护栏等，河道周边环境得到提升。

腊山分洪工程作为我市重要的防洪河道，每年汛期都能将大量南山洪水分流进黄河，避免洪水进入市区，改变了过去每逢暴雨河道积涝，泄洪不畅的状况。

历城获评“省级出口农产品质量安全示范区”

本报讯（记者　周辰　通讯员　[illegible]）记者日前从历城区农业局获悉，历城区被认定为“省级出口农产品质量安全示范区”。

为保障农产品质量安全，历城区以标准化生产主体培育、培育农产品品牌和建设重点农业项目为依托，按照“重质量、[illegible]”的总体要求，推进农产品质量安全标准化、化肥投入品控制、质量可追溯、质量安全监控评估预警、企业质量安全诚信、多元化国际市场开拓体系建设，确保实现了“产品、标准”“两有、[illegible]”和投入无违禁、源头无污染、管理无盲区、出口无障碍”的监管目标。目前已发展“小清河农产品生态园”等一系列带动能力强、品牌优势明显的农产品出口企业。

图 3-34　《济南日报》

图 3-35　现场培训指导

图 3-36　农民培训班

第四章　济南市绿色农业模式实施效果

示范区以推进适度规模经营为抓手，以培育新型农业经营主体为依托，以强化社会服务组织为保障，着力推进减肥、控药、洁田、修复、循环“10字”综合防治技术措施的落地生根和辐射带动，初步建立起配方施肥个性化、统防统治专业化、生产经营规模化、生产主体企业化、管理服务社会化、资源利用循环化的农业面源污染综合防治“济南模式”。

目前，示范区内土地流转率接近50%，发展家庭农场5家、农民合作社23家、现代农业园区12家、蔬菜标准园（应急菜田）4家、专业化统防统治队伍7支；成立了综合服务中心，设有智能配肥站、病虫害监测基点，配备了智能配肥机、虫情测报灯、气候观测仪、病虫远程诊断系统、土壤消毒机等仪器设备，为示范区建设提供全方位管理技术服务。在减肥、控药、洁田、修复、循环等方面，都取得了显著效果。

第一节　减肥的实施效果

1. 测土配方施肥的效果

（1）“测土”摸清示范园区的健康情况

为准确的实施测土配方施肥，对示范园区采用网格定位的方法采集了300个土壤样品，并对其pH值、有机质、全氮、碱解氮、有效磷、缓效钾、速效钾以及铁、锰、铜、锌等微量和中量元素进行了测定，对示范区不同区域和不同种植制度下的土壤肥力进行了一次“体检”，真正掌握不同田块的“病症”在哪里，同时，开出最好的“药方”，主要的测定数据结果见表4-1。

表 4-1　示范区 300 个代表土样的大量养分含量情况

村名称	农户名称	pH 值	有机质（g/kg）	全氮（g/kg）	碱解氮（mg/kg）	有效磷（mg/kg）	缓效钾（mg/kg）	速效钾（mg/kg）
首农	首农 45 区	8.2	9.7	0.831	61	6.1	945	131
首农	首农 44 区	8.1	14.3	1.089	71	11.4	926	150
首农	首农 42 区	8.2	12.3	0.922	73	6.3	936	141
首农	首农 46 区北	8.1	15.2	1.022	80	7.1	916	122
首农	首农 47 区	8	15.8	1.065	107	13.3	850	113
首农	首农 46 区南	8.1	16.6	1.091	81	8	821	104
首农	首农 48 区	8.1	14.7	0.991	73	18.1	831	94
首农	首农 49 区	8.1	13.9	0.869	68	3.3	802	85
首农	首农 41 区	8.2	13	0.874	66	0.2	794	168
首农	首农 43 区	8	15	1.102	82	9	1 020	131
首农	首农 38 区	8.1	8.7	0.663	74	8	1 020	131
首农	首农 39 区	8	22.5	1.485	97	13.3	1 136	243
首农	首农 40 区	8.2	14.7	1.184	81	6.1	1 030	159
首农	首农 36 区南	8	19.4	1.254	99	5.4	955	159
首农	首农 37 区南	8.2	12.1	0.968	71	23.6	1 116	150
首农	首农 35 区	8.1	15.8	0.95	89	4.8	907	131
首农	首农 36 区北	8.1	11.3	0.617	77	4.3	869	131
首农	首农 37 区北	8.2	11.2	0.686	56	14.1	975	215
怀庙	刘业鹏	8.1	16.1	1.167	89	6.2	1 082	246
怀庙	张爱田	8.1	15.8	1.147	78	5.7	670	189
怀庙	曹玉美	7.9	15.2	1.189	88	6.2	1 108	180
娘娘店	张寿山	8	15.9	1.153	102	7.5	1 059	152
怀庙	张龙	7.7	18.2	1.288	214	12.4	1 147	180
怀庙	张万才	8.2	10.5	0.806	79	11	812	48
怀庙	顾大全	8.2	13.3	0.896	87	119.8	734	48
怀庙	于庆顺	8.1	11.6	0.87	87	14.6	734	48
怀庙	刘振香	8.1	17.6	0.957	93	13.2	932	161
纪店村	顾大强	8.2	13.9	0.98	76	10	842	95

（续表）

村名称	农户名称	pH 值	有机质（g/kg）	全氮（g/kg）	碱解氮（mg/kg）	有效磷（mg/kg）	缓效钾（mg/kg）	速效钾（mg/kg）
纪店村	顾大文	8. 1	16. 5	1. 021	98	11. 4	892	123
纪店村	刘振勇	8. 1	15. 5	0. 916	93	10	892	123
纪店村	刘云财	8. 1	17. 8	1. 191	88	6. 6	1 230	330
小庞庄村	刘明章	8. 2	15	1. 047	78	3. 9	1 239	283
纪店村	顾先华	8	20. 5	1. 361	132	56. 2	1 178	227
纪店村	董长兰	8	21	1. 361	128	34	1 139	227
纪店村	刘云杰	8. 2	14. 6	0. 98	75	7. 1	1 200	283
纪店村	刘方元	8. 1	15. 1	0. 983	83	10. 4	1 220	302
纪店村	曹玉坤	8. 1	15. 2	1. 066	88	10. 5	1 220	302
纪店村	曹金海	8. 2	12. 5	0. 83	61	10. 2	1 099	189
纪店村	曹金亭	8. 2	12. 1	0. 803	56	10. 2	1 060	189
纪店村	张春堂	8. 3	8. 9	0. 746	60	5. 7	1 000	133
纪店村	曹金玉	8. 1	16. 2	1. 088	87	7. 4	921	114
乙武村	刘玉祥	7. 9	13. 3	1. 171	97	17. 4	948	106
乙武村	刘庆胜	7. 9	21. 3	1. 45	128	9. 6	850	87
乙武村	刘传玉	7. 9	13. 6	1. 172	96	30. 6	938	116
卢庄村	卢传青	8	12. 7	1. 282	110	27	1 261	300
新邢楼村	唐永香	7. 9	16. 6	1. 318	122	26. 4	1 222	338
新五村	李树停	8	16. 1	1. 343	116	28. 7	1 261	338
新五村	刘方正	8. 1	17. 3	1. 319	112	23. 3	1 290	309
新邢楼村	李开玉	7. 8	15. 5	1. 062	108	10. 8	1 046	203
韩庄村	王瑞东	7. 7	15. 2	1. 151	123	11. 1	1 065	184
大刘庄村	温洪兰	7. 9	16. 2	1. 139	79	35. 1	1 036	174
大刘庄村	褚圣忠	8	17. 3	1. 105	95	27	1 016	155
大于庄村	于吉生	7. 9	17. 7	1. 127	86	26. 4	1 016	155
大于庄村	于业忠	8	24. 6	1. 504	136	47	919	136
大于庄村	于光新	7. 8	24. 3	1. 529	123	32. 8	919	136
首农	首农 31 区	8. 1	17. 5	0. 945	72	8. 9	917	159

（续表）

村名称	农户名称	pH 值	有机质（g/kg）	全氮（g/kg）	碱解氮（mg/kg）	有效磷（mg/kg）	缓效钾（mg/kg）	速效钾（mg/kg）
首农	首农 26 区	7.9	12.5	0.807	135	12.7	907	131
首农	首农 32 区	8.1	24.2	1.422	111	28.7	1 023	243
首农	首农 33 区	8.2	12.9	0.76	68	14.7	984	206
首农	首农 34 区	8.2	14	0.732	62	12.3	1 266	378
恒源	恒源西南	8.1	14.7	0.901	84	8	708	104
恒源	恒源西南 2	7.9	14.7	0.677	86	4.9	708	104
恒源	恒源西北	8.2	14.8	0.666	68	3.8	21	104
恒源	恒源中南	8.1	23	1.21	88	23.2	858	332
恒源	恒源中 2	8	21.3	1.328	83	95.8	813	150
恒源	恒源中中	8	15.8	1.065	72	4.2	860	141
恒源	恒源中 4	7.9	15.7	0.974	80	4.7	860	141
恒源	恒源中北	8	15.3	1.967	96	5.7	812	113
恒源	恒源东北	8.1	13.1	0.785	37	3.2	908	168
恒源	恒源东 4	8.1	12.1	1.068	78	5.2	813	187
恒源	恒源东中	8.1	16.4	0.851	108	3.6	747	178
恒源	恒源东 2	7.9	21.1	1.207	122	6.7	841	159
恒源	恒源东南	8	18.1	1.067	83	7.8	910	280
腾屯村	葛成云	8.1	16.1	1.087	73	34.9	1 149	278
腾屯村	付玉超	7.9	14.2	0.996	79	39.6	1 139	249
靳庄村	卢圣亮	7.9	14.9	1.07	70	14.3	1 063	211
靳庄村	贾传福	8	12	0.851	51	8.2	1 025	172
靳庄村	贾传庆	8	17.4	1.208	70	24	958	163
小于庄村	于延雨	8.2	13.2	0.923	54	28.5	1 216	172
小于庄村	于光明	8.1	17.4	1.138	67	39.5	1 254	211
卢庄村	刘甲红	8.2	15.5	1.046	42	27.2	1 140	172
卢庄村	卢宪刚	8.2	19.9	1.332	77	17.1	1 054	144
乙武村	张修亭	8.3	15.8	1.011	59	6.1	968	76
前朱庄村	陈荣贵	8.1	17.6	1.188	91	23	1 034	124

（续表）

村名称	农户名称	pH 值	有机质（g/kg）	全氮（g/kg）	碱解氮（mg/kg）	有效磷（mg/kg）	缓效钾（mg/kg）	速效钾（mg/kg）
前朱庄村	王风水	8.2	20.8	1.471	80	12.1	1 187	240
前朱庄村	张清祥	8.2	21.9	1.496	106	15.8	1 187	240
前朱庄村	李汉忠	8.3	9.5	0.769	60	2.5	891	153
前朱庄村	李继泉	8.4	20	0.95	62	4.1	919	163
前朱庄村	李继水	8.3	11.3	0.831	64	2.9	958	163
前朱庄村	李宝娥	8.2	16.7	1.115	69	26.8	891	115
前朱庄村	王兰斌	8.2	14.8	1.072	107	24.1	852	115
前朱庄村	孔祥德	8.1	18.3	1.16	104	27.7	891	115
小庞庄村	刘中兰	8.2	14.7	1.018	85	5.6	891	86
小庞庄村	张元军	8.3	14.9	1.092	96	6.2	891	86
小庞庄村	贾东伟	7.9	17.2	1.171	168	15	775	86
小庞庄村	王兆钢	8.1	16.2	1.215	124	14.1	775	123
小庞庄村	刘世忠	8	16	1.153	145	12.8	794	104
红庙村	张峰	8.2	12.6	1.023	77	3.6	804	95
红庙村	王其顺	8.2	13.9	1	80	4.8	842	95
后王庄村	王新	8.2	14.1	0.914	79	3.2	822	76
后王庄村	王刚	8.1	14.2	0.917	83	3.5	930	86
后王庄村	王传柱	8	16.7	1.023	91	3.4	990	142
后王庄村	王怀福	8	17.2	1.02	108	3.1	922	133
红庙	张峰	8	13.1	0.91	90	6.7	814	123
后王	王玉成	8.2	15.6	0.956	86	4	793	67
后王	郝作成	8.1	15.3	0.997	81	4	793	67
后王	王传江	8.1	16	1.092	95	5.2	814	104
后王	赵安金	8.1	15.7	1.019	89	5.8	783	76
后王	王金亮	8.1	18.5	1.174	82	13.5	804	95
后王	王传印	8.1	17.5	1.129	108	10	783	76
天润园	东 30 米	8.1	13.3	0.828	74	6.1	983	168
天润园	东南大棚	7.8	20	1.33	203	119.6	865	141

（续表）

村名称	农户名称	pH 值	有机质（g/kg）	全氮（g/kg）	碱解氮（mg/kg）	有效磷（mg/kg）	缓效钾（mg/kg）	速效钾（mg/kg）
天润园	拱棚中心	8.2	7.9	0.473	50	4.4	793	94
天润园	东 50 米	8.1	14.8	1.081	81	12.8	975	215
云溪庄园	东北	8.1	12.7	0.877	61	4.6	927	187
云溪庄园	东南	8	13.8	0.806	50	2.3	927	187
云溪庄园	中东北	8.1	19.8	1.209	82	7.8	880	196
云溪庄园	中东南	8	18	1.114	88	7.6	98	178
云溪庄园	中西北	8	16.9	0.97	75	7.1	860	141
云溪庄园	中西南	8	15	0.947	68	4.8	841	122
云溪庄园	西北	8.1	16	0.924	81	6.1	802	85
云溪庄园	西南	8	16	1.038	78	4.4	802	85
后朱庄村	汤传英	8.4	14.7	0.83	57	9.1	680	57
后朱庄村	孔庆国	8.3	14.9	1.16	68	10	747	66
后朱庄村	孔繁诺	8.5	16	0.615	34	5.8	747	105
后朱庄村	王其娥	8.4	10.5	0.591	52	5	747	105
后朱庄村	孔宪茂	8.5	13.5	0.522	39	6.2	709	66
后朱庄村	王保香	8.4	11.3	0.535	45	8.8	748	104
后朱庄村	孔凡池	8.5	12	0.781	33	12.2	747	66
中楼子	王树成	8.4	18.2	1.164	78	7.6	910	134
中楼子	刘宏刚	8.2	20.3	1.229	79	11.4	891	153
中楼子	王绪才	8.2	17.8	1.069	75	8.2	929	115
马店	孔令才	8.3	13.1	0.876	69	17.1	1 255	134
前王	王友胜	8.1	18.4	1.15	95	13.1	813	86
前王	王友如	8	15.6	1.041	106	14.4	942	152
前王	王成喜	8	15.3	1.021	111	16.3	942	152
前王	张家香	8	15.8	1.038	108	12	970	123
潘庄	王凤年	7.9	17.5	1.151	128	28.2	804	95
潘庄	王玉海	7.9	15.9	1.066	116	14.6	951	142
潘庄	潘义河	8.2	11.8	0.723	65	6.1	970	123

（续表）

村名称	农户名称	pH 值	有机质（g/kg）	全氮（g/kg）	碱解氮（mg/kg）	有效磷（mg/kg）	缓效钾（mg/kg）	速效钾（mg/kg）
潘庄	潘传书	8.3	10.6	0.703	56	6.1	961	133
潘庄	潘传军	8.2	15.7	1.061	63	5.1	912	142
潘庄	潘传荣	8.2	15.2	1.044	87	6.4	932	150
潘庄	潘传勇	8.3	11.5	0.911	60	3.7	931	113
史庄	史长城	8.2	11.4	0.87	75	6.4	902	104
史庄	李文祥	8.2	14.3	1.042	73	6.9	942	141
史庄	李发财	8.1	13.7	1.033	108	12.4	969	113
史庄	史春山	8	13.9	1.04	104	12.5	969	113
史庄	李发水	8	15.8	1.23	145	32.5	854	113
鸿瑞农场	大门西 30 米	7.2	14	0.925	85	99.6	840	104
鸿瑞农场	大门西 100 米	7.7	12.5	0.806	64	34.5	935	104
鸿瑞农场	3 号大棚内	7.3	6	0.855	359	101.2	885	210
鸿瑞农场	7、9 号中间	8.1	5.2	0.426	35	8.3	708	80
首农	首农 8 区	8.1	17	1.114	82	8.7	847	100
首农	首农 4 区东	8.1	18.4	1.204	93	9	847	100
首农	首农 4 区西	7.9	22.4	1.429	109	39	955	150
首农	首农 8 区西	7.9	24.4	1.702	144	31.6	1 034	230
首农	首农 7 区东	8.2	11.1	0.662	52	5.8	866	80
首农	首农 3 区东	8.3	10.1	0.638	48	10.8	876	90
首农	首农 7 区西	8.3	3.5	0.331	37	3.8	521	30
首农	首农 3 区西	8.4	5.6	0.355	40	3.6	560	30
首农	首农 2 区东	7.7	10.1	0.736	230	34.5	689	60
首农	首农 6 区东	7.7	9.8	0.662	177	24.2	689	60
首农	首农 2 区西	7.8	7.1	0.496	180	30.4	688	140
首农	首农 6 区西	7.7	9	0.64	214	38.6	718	110
首农	首农 1 区	7.7	16	1.134	223	16.7	738	90
首农	首农 5 区	7.8	16.9	0.997	211	19.4	777	90
首农	首农 1 区西	8.2	11.5	0.735	70	15.1	679	70

（续表）

村名称	农户名称	pH 值	有机质 (g/kg)	全氮 (g/kg)	碱解氮 (mg/kg)	有效磷 (mg/kg)	缓效钾 (mg/kg)	速效钾 (mg/kg)
首农	首农 5 区西	8.2	13.1	1.042	70	13.1	748	80
赵庄村	赵志荣	8.4	14.8	0.998	64	8.2	1 025	95
赵庄村	李焕勇	8.4	16.2	1.131	65	8.3	1 087	110
马店村	孔令泉	8.3	19.7	1.373	83	14.2	1 206	259
马店村	孔德勇	8.3	19.8	1.36	66	11.8	1 226	240
马店村	孔令春	8.3	23.1	1.514	54	20	1 340	355
马店村	邓洪军	8.2	16.3	1.214	98	15.2	853	76
马店村	邓传亮	8.2	16.9	1.318	101	16.7	853	76
马店村	赵昔海	8.4	12.3	0.958	56	4.8	939	105
马店村	孔祥泉	8.4	13.2	1.002	68	7.1	939	105
马店村	刘桂香	8.3	14.9	1.052	73	6.5	977	105
马店村	赵昌宏	8.1	16	1.148	51	10.7	1 092	182
马店村	赵万兴	8.3	15.5	1.065	68	10.5	1 082	153
马店村	王永秀	8.1	14	1.128	76	14.2	1 120	192
马店村	孔祥明	8.3	16.3	1.129	129	9.2	1 120	192
马店村	王永泉	7.6	12.3	0.999	413	9.3	814	76
马店村	邓传军	7.7	12.8	0.936	407	5.9	805	47
马店村	孔令宝	7.7	12.8	1.024	368	11.2	786	66
马店村	赵昔金	8.2	18.8	1.21	95	14.9	939	144
马店村	孔德臣	8.2	19.3	1.147	99	12	967	153
老拐子李	李继吾	8.4	13.8	0.955	63	4.8	824	105
丁店	史成文	8	17.4	1.172	146	30.5	844	85
丁店	史方城	8	17.1	1.19	148	26.9	844	85
丁店	何明全	7.9	18	1.257	190	40.6	825	104
丁店	史茂山	7.9	17.6	1.276	180	39.6	854	113
丁店	史双城	8.2	19.2	1.239	93	30.7	1 136	252
丁店	李成金	8.2	18.3	1.213	96	27.7	1 166	261
丁店	刘建军	8.1	19.1	1.282	110	30.1	1 195	271

（续表）

村名称	农户名称	pH 值	有机质（g/kg）	全氮（g/kg）	碱解氮（mg/kg）	有效磷（mg/kg）	缓效钾（mg/kg）	速效钾（mg/kg）
丁店	赵世友	8. 1	18. 9	1. 252	99	28. 6	1 155	234
丁店	李洪伟	8. 1	17. 7	1. 21	106	30. 2	1 214	289
丁店	冯光俊	8. 1	18. 1	1. 229	116	30. 8	1 205	299
丁店	赵万金	8. 2	19	1. 234	106	29. 8	1 214	289
丁店	冯存英	8. 1	18. 1	1. 272	93	27. 8	1 185	280
北郭庄	王付珍	8. 3	12. 7	0. 86	66	5. 6	989	131
北郭庄	刘克平	8. 3	13. 5	0. 911	70	5. 1	911	94
北郭庄	刘荣方	8. 1	15. 7	1. 104	104	7. 7	1 009	150
北郭庄	李金山	8. 2	14. 3	0. 955	76	6. 4	862	66
北郭庄	刘风元	8. 1	11. 3	0. 809	79	5. 4	766	48
北郭庄	张治才	8. 1	15	0. 999	95	6. 5	952	169
北郭庄	刘风才	8. 1	13. 2	0. 892	85	7. 7	796	94
北郭庄	刘开明	8. 2	12. 2	0. 829	65	8. 2	738	76
丁店	李开法	8. 3	16	1. 019	91	16. 1	709	66
丁店	边庆关	8. 1	17	1. 127	105	15. 2	866	178
丁店	韩麦昌	8. 2	14. 7	1. 009	84	8. 2	796	94
丁店	赵昔岭	8. 1	15. 2	1. 02	108	21. 2	738	76
丁店	石绍禄	8. 2	15. 5	1. 018	62	7. 4	835	94
首农	首农 10 区东	8. 3	11. 1	0. 712	68	7	718	70
首农	首农 14 区东	8. 4	11. 8	0. 724	78	7. 2	768	60
首农	首农 10 区西	8. 5	8. 9	0. 64	60	10	777	90
首农	首农 14 区西	8. 5	9. 4	0. 759	53	7. 7	777	90
首农	首农 9 区东	8. 2	10. 7	0. 713	95	7. 9	590	40
首农	首农 13 区东	8. 3	11. 8	0. 734	92	12. 3	580	50
首农	首农 9 区西	8. 4	6. 3	0. 499	54	6	728	60
首农	首农 13 区西	8. 3	7. 2	0. 496	53	5. 2	758	70
首农	首农 15 区西	8. 4	11. 2	0. 851	69	2. 8	797	110
首农	首农 11 区西	8. 2	12. 6	0. 897	83	4. 6	866	80

（续表）

村名称	农户名称	pH 值	有机质（g/kg）	全氮（g/kg）	碱解氮（mg/kg）	有效磷（mg/kg）	缓效钾（mg/kg）	速效钾（mg/kg）
首农	首农 11 区东	8. 4	6. 2	0. 758	31	5. 1	1 084	120
首农	首农 15 区东	8. 3	11. 1	0. 949	54	5. 2	787	80
首农	首农 12 区西	8	19. 7	1. 279	115	9	935	170
首农	首农 16 区西	8. 2	12. 3	1. 256	73	3. 3	876	70
首农	首农 12 区东	8. 2	16. 2	1. 062	69	8. 4	945	120
首农	首农 16 区东	7. 9	16. 8	1. 088	148	10. 5	925	180
首农	首农 25 区北	8	12. 7	0. 842	100	9. 2	934	90
首农	首农 20 区北	8	13. 1	0. 854	82	22. 3	856	90
首农	首农 25 区南	8. 1	14. 2	0. 921	74	9. 6	817	90
首农	首农 24 区南	8. 2	12. 1	0. 83	62	20. 3	926	100
老拐子李	李宝喜	8. 3	13. 5	0. 897	45	9. 7	738	76
老拐子李	李宝法	8. 2	13. 8	0. 957	76	7. 6	787	104
老拐子李	李继禄	8. 3	12. 4	1. 044	92	7. 3	943	178
腾屯村	葛成云	8. 2	17. 9	1. 144	112	21. 5	990	169
腾屯村	付玉超	8. 2	14	0. 932	88	9. 2	835	94
腾屯村	于光明	8. 3	12. 9	0. 914	73	6. 9	844	85
腾屯村	李继河	8. 2	14. 1	0. 935	70	36. 9	873	94
腾屯村	史成香	8. 3	13	0. 996	77	19. 8	911	94
腾屯村	付延荣	8. 2	11. 7	0. 937	73	22. 8	777	76
腾屯村	陈龙亮	8. 2	11. 7	0. 917	73	18. 2	748	66
马店	孔令泉	7. 9	24. 8	1. 45	105	33. 6	938	116
马店	孔德勇	8. 1	19. 1	1. 165	75	3. 9	948	106
中楼	邓洪军	8. 1	19. 4	1. 189	82	4. 2	909	106
中楼	王其和	8. 1	18. 6	1. 128	76	3. 2	928	87
小王	王东	8. 1	17. 4	1. 103	79	2. 6	928	87
中楼	张永贵	8. 1	17. 8	1. 105	69	4	928	87
老刘	刘树合	8	18. 3	1. 216	99	16	792	106
老刘	刘树根	8	18. 4	1. 174	101	18	792	106

（续表）

村名称	农户名称	pH 值	有机质（g/kg）	全氮（g/kg）	碱解氮（mg/kg）	有效磷（mg/kg）	缓效钾（mg/kg）	速效钾（mg/kg）
三合	张召明	7.9	15.9	1.125	104	16.7	772	87
老刘	刘宝坤	8	15.5	1.151	84	18.2	782	78
老刘	王桂芝	8	19.3	1.417	109	7.8	929	126
冯庄	冯光全	8.1	17.4	1.207	102	9.3	948	106
韩庄	韩丹奇	8.1	14.4	0.98	58	11.1	821	78
前王	王成才	8.2	11.6	0.809	63	7.9	812	87
新五	王付军	8.1	12	0.852	62	5.6	656	87
新五	刘方友	8.1	11.8	0.807	66	8.4	812	87
腾屯	付玉良	8	17	1.168	127	19	850	87
首农	首农 30 区东	8.4	8.5	0.639	108	10.1	767	100
首农	首农 30 区西	8.4	7	0.568	36	12.2	1 014	170
首农	首农 23 区东	8.3	15.9	1.022	77	5.6	866	80
首农	首农 29 区东	8.2	12	0.757	76	6.6	935	130
首农	首农 23 区西	8.4	7	0.402	47	6.4	757	110
首农	首农 29 区西	8.2	13.7	0.855	79	10.8	866	120
首农	首农 28 区北	8.2	13.3	0.831	73	5.4	1 014	170
首农	首农 28 区南	8.3	12.9	0.616	62	4.6	1 024	200
首农	首农 27 区东	8.3	8.2	0.569	42	8.3	1 074	150
首农	首农 22 区东	8.2	10	0.735	76	10.8	965	100
首农	首农 27 区西	8.3	13.4	0.879	72	6.4	1 044	140
首农	首农 22 区西	8.3	12.7	0.652	62	11.7	1 173	170
首农	首农 17 区西	8.4	15.3	0.757	82	16	1 181	319
首农	首农 17 区东	8.4	12.2	0.641	74	11.7	1 152	309
首农	首农 18 区西	8.4	15.7	0.737	75	17.7	1 210	369
首农	首农 18 区东	8.4	12.5	0.594	70	10.9	1 132	249
首农	首农 21 区东	8.3	14.1	0.592	69	15.1	777	130
首农	首农 21 区西	8.4	14.7	0.958	79	12.9	826	200
首农	首农 19 区南	8.4	12.4	0.828	76	8.6	757	150

（续表）

村名称	农户名称	pH 值	有机质（g/kg）	全氮（g/kg）	碱解氮（mg/kg）	有效磷（mg/kg）	缓效钾（mg/kg）	速效钾（mg/kg）
首农	首农 19 区北	8.3	12.6	0.807	68	11.8	708	120
史庄	李克法	7.7	16.5	1.189	90	40.7	1 065	184
史庄	史同山	7.6	15.4	1.044	91	34.4	1 114	174
史庄	史涛成	7.8	13.1	0.873	65	10.2	1 036	97
史庄	史全山	7.9	14.6	0.913	76	12.6	1 055	116
王府	王超	7.9	18.6	1.193	102	22.3	1 036	136
后孙	刘士明	8	17.4	1.192	96	5.4	1 026	106
小王	王正香	8	17.2	1.186	91	5.8	1 016	116
三合	刘树水	7.9	18.3	1.258	99	7.8	1 046	126
前升	房玉和	8.1	17.6	1.2	96	9.7	987	106
后升	周丙合	7.8	15.2	1.103	106	3.9	919	97
后升	孙首卫	8	14.7	1.024	85	4.2	880	97
后升	周波	8	15.2	1.111	99	6.4	928	87
西张	张吉昌	7.9	14.9	1.045	92	4.6	889	87
西张	吴士民	8	23.9	1.594	134	19.6	870	106
西张	张洪武	7.9	21.9	1.532	127	18.2	880	97
西张	张洪林	7.7	21.2	1.579	122	23.2	860	78
西张	卢守江	8	9.5	1.13	88	23.9	928	87
老刘	刘得生	8.1	18.7	1.126	85	24	743	78
油房	王永民	8.1	17.2	1.064	86	12.1	753	68

以上的测定结果表明，整个示范区的土壤养分差异十分显著，其中，pH 值的变化范围在 7.2~8.1，平均 8.1；有机质含量在 3.5~24.8g/kg，平均 15.0 g/kg；全氮含量在 0.3~2.0g/kg，平均 1.0g/kg；碱解氮含量在 31.0~413.0mg/kg，平均 91.47mg/kg，最高值为最低值的 13 倍；有效磷含量的变化范围在 0.2~119.8mg/kg，平均 14.74mg/kg，变异系数极高；缓效钾的含量在 21~1 340mg/kg，平均 915.1mg/kg；速效钾含量 30~378mg/kg，平均 138mg/kg。

根据土壤的养分分级标准（表 4-2）所示，以有机质含量为分级标准时，地力在中低水平；以全氮和碱解氮为衡量标准，地力在中高水平；以有效磷作为分级标准时，其肥力位于低水平；以速效钾为分级标准时，属于高水平。

因此，根据示范区内主要养分含量情况可以看出，不同地块之间以及不同元素含量之间都存在明显差异。整体土壤肥力在中等水平，但由于部分元素含量较低，需在示范区建设过程中有针对性地进行补充，例如，要加强有机肥的施用，提高土壤有机质和有效磷的含量，另外，要减少化肥氮肥投入，增加有机肥替代普通化肥，同时，加大秸秆还田的力度，提高土壤有机质。

表 4-2　土壤的养分分级标准

养分指标	极高	高	中	低	极低
有机质（g/kg）	≥25	20～50	15～20	10～15	<10
全氮（g/kg）	≥1. 20	1. 00～1. 20	0. 80～1. 00	0. 65～0. 80	<0. 65
碱解氮（mg/kg）	≥120	90～100	60～90	45～60	<45
有效磷（mg/kg）	≥90	60～90	30～60	15～30	<15
速效钾（mg/kg）	≥155	125～155	100～125	70～100	<70

表 4-3　示范区 300 个代表土样的中微量养分含量情况

村名称	农户名称	有效铁（mg/kg）	有效锰（mg/kg）	有效铜（mg/kg）	有效锌（mg/kg）	水溶态硼（mg/kg）	有效钼（mg/kg）	有效硫（mg/kg）	有效硅（mg/kg）
首农	首农 45 区	8. 8	7. 2	1. 16	0. 55	0. 32	0. 11	5. 7	247
首农	首农 44 区	9. 1	8. 1	1. 29	0. 97	0. 28	0. 14	5. 5	278
首农	首农 42 区	10. 8	8. 9	1. 35	0. 89	0. 33	0. 11	9. 7	272
首农	首农 46 区北	8. 7	9. 7	1. 2	1. 04	0. 18	0. 09	5. 6	301
首农	首农 47 区	13	8. 6	1. 24	1. 03	0. 2	0. 09	7. 9	333
首农	首农 46 区南	8. 8	8. 8	0. 99	1. 26	0. 35	0. 1	4	327
首农	首农 48 区	15. 9	7. 9	1. 31	0. 95	0. 24	0. 1	4. 5	394
首农	首农 49 区	9. 8	7	1. 05	1. 44	0. 23	0. 09	6. 6	374
首农	首农 41 区	10. 9	7. 5	1. 5	1. 33	0. 24	0. 11	10. 3	287
首农	首农 43 区	9. 7	9. 2	1. 32	0. 78	0. 28	0. 09	9. 2	259
首农	首农 38 区	12. 7	5. 5	1. 16	0. 39	0. 66	0. 07	17	740
首农	首农 39 区	8. 5	11. 1	1. 22	1. 48	0. 33	0. 1	16. 8	348
首农	首农 40 区	11. 9	8. 5	1. 35	1. 05	0. 32	0. 09	7	313
首农	首农 36 区南	8. 4	10. 3	1. 29	1. 33	0. 32	0. 08	33. 7	263

（续表）

村名称	农户名称	有效铁（mg/kg）	有效锰（mg/kg）	有效铜（mg/kg）	有效锌（mg/kg）	水溶态硼（mg/kg）	有效钼（mg/kg）	有效硫（mg/kg）	有效硅（mg/kg）
首农	首农 37 区南	19. 3	7. 4	1. 5	1. 45	0. 25	0. 1	8. 8	358
首农	首农 35 区	10. 9	9	1. 29	0. 96	0. 27	0. 1	10. 2	263
首农	首农 36 区北	8. 5	8. 8	1. 05	1. 12	0. 21	0. 09	18. 2	300
首农	首农 37 区北	12	7. 4	0. 93	1. 08	0. 25	0. 08	11. 1	267
怀庙	刘业鹏	9. 6	10	1. 18	1. 2	0. 61	0. 09	9	205
怀庙	张爱田	9. 9	8. 6	1. 14	0. 99	0. 48	0. 08	28. 2	182
怀庙	曹玉美	13. 6	13. 5	1. 44	0. 82	0. 54	0. 09	3. 1	186
娘娘店	张寿山	9. 7	9. 3	1. 32	0. 59	0. 68	0. 1	3. 2	191
怀庙	张龙	10	7. 9	1. 35	1. 59	0. 51	0. 09	4	187
怀庙	张万才	11. 9	6	1. 69	1. 31	0. 62	0. 09	2. 4	117
怀庙	顾大全	16. 8	8. 9	1. 85	1. 67	0. 48	0. 09	10. 6	124
怀庙	于庆顺	11	7. 9	1. 48	1. 37	0. 67	0. 13	13. 2	117
怀庙	刘振香	12. 2	6. 2	1. 53	1. 87	0. 5	0. 09	6. 3	176
纪店村	顾大强	9. 3	7. 8	1. 21	1. 08	0. 44	0. 08	9. 2	165
纪店村	顾大文	12. 7	8. 8	1. 51	1. 68	0. 44	0. 09	17	179
纪店村	刘振勇	12. 9	7. 7	1. 85	1. 17	0. 41	0. 1	15. 7	161
纪店村	刘云财	14. 9	8	1. 85	1. 19	0. 43	0. 09	8. 4	203
小庞庄村	刘明章	16. 5	7	1. 8	0. 6	0. 39	0. 1	7. 5	203
纪店村	顾先华	14	6. 5	1. 73	0. 66	0. 63	0. 11	4. 8	160
纪店村	董长兰	14	6. 9	1. 67	0. 56	0. 34	0. 1	12. 9	156
纪店村	刘云杰	20. 9	8. 5	1. 89	1. 35	0. 46	0. 09	12. 3	184
纪店村	刘方元	19. 6	6. 9	1. 85	1. 23	0. 44	0. 09	17. 7	180
纪店村	曹玉坤	19. 9	6. 5	1. 84	1. 31	0. 32	0. 1	15	185
纪店村	曹金海	8. 8	4. 5	1. 13	0. 96	0. 43	0. 1	14. 3	157
纪店村	曹金亭	8. 4	5. 1	1. 07	1. 1	0. 33	0. 1	13. 6	173
纪店村	张春堂	7. 9	3. 9	1. 06	1. 07	0. 49	0. 1	13. 9	151
纪店村	曹金玉	7. 9	4. 5	1. 17	1. 16	0. 43	0. 11	23. 8	175
乙武村	刘玉祥	9. 8	6. 2	1. 05	1. 34	0. 35	0. 11	8. 4	405

（续表）

村名称	农户名称	有效铁（mg/kg）	有效锰（mg/kg）	有效铜（mg/kg）	有效锌（mg/kg）	水溶态硼（mg/kg）	有效钼（mg/kg）	有效硫（mg/kg）	有效硅（mg/kg）
乙武村	刘庆胜	14.2	4.8	0.98	1.27	0.57	0.06	528.7	164
乙武村	刘传玉	8.9	6.2	1	1.34	0.43	0.09	6.7	395
卢庄村	卢传青	14.3	5.6	1.44	1.76	0.28	0.14	5.7	411
新邢楼村	唐永香	14.6	5.5	1.49	1.75	0.32	0.09	5.9	400
新五村	李树停	14.8	6.6	1.46	1.9	0.48	0.12	4.8	407
新五村	刘方正	14.3	5.8	1.41	1.68	0.31	0.11	3.5	387
新邢楼村	李开玉	6	5.8	0.84	1.89	0.31	0.16	46.3	363
韩庄村	王瑞东	5.7	5.7	0.84	1.9	0.46	0.09	60.7	355
大刘庄村	温洪兰	11.6	6.9	1.42	2.3	0.28	0.08	15.2	339
大刘庄村	褚圣忠	11.1	6.7	1.2	2.15	0.33	0.1	12.1	329
大于庄村	于吉生	10.8	6.2	1.15	2.14	0.28	0.07	25.1	322
大于庄村	于业忠	10.9	7.3	0.96	1.85	0.37	0.09	16.2	326
大于庄村	于光新	10.3	6.5	0.93	1.76	0.39	0.07	39.5	336
首农	首农31区	12.9	9.7	1.52	0.91	0.36	0.08	22.9	240
首农	首农26区	8.3	6.5	0.85	0.74	0.41	0.09	48.3	257
首农	首农32区	11	10.6	1.54	2.16	0.32	0.09	14.3	257
首农	首农33区	7.9	6.3	0.74	0.87	0.36	0.06	12.2	300
首农	首农34区	10.5	7.7	1.15	0.99	0.23	0.1	8.7	286
恒源	恒源西南	8.7	8.5	0.94	0.76	0.32	0.06	10.7	143
恒源	恒源西南2	7.3	8.7	0.91	0.76	0.39	0.1	6.3	145
恒源	恒源西北	10.4	7.3	1.2	0.95	0.32	0.06	11.2	153
恒源	恒源中南	18.4	8.3	1.52	0.98	0.31	0.06	6.6	159
恒源	恒源中2	18	9	1.72	0.71	0.35	0.07	8.6	164
恒源	恒源中中	12.1	8.4	1.59	0.72	0.31	0.08	6.9	185
恒源	恒源中4	12.2	8.4	1.59	0.73	0.28	0.08	9.4	189
恒源	恒源中北	13.7	7.5	1.45	0.58	0.33	0.06	18.4	169
恒源	恒源东北	17.3	8.1	2.14	0.63	0.31	0.08	14.8	184
恒源	恒源东4	24	10.3	2.39	0.76	0.24	0.1	8.9	191

（续表）

村名称	农户名称	有效铁（mg/kg）	有效锰（mg/kg）	有效铜（mg/kg）	有效锌（mg/kg）	水溶态硼（mg/kg）	有效钼（mg/kg）	有效硫（mg/kg）	有效硅（mg/kg）
恒源	恒源东中	23.4	9.1	2.28	0.71	0.39	0.1	9.8	192
恒源	恒源东 2	16.7	7.8	1.26	0.96	0.41	0.07	45.8	190
恒源	恒源东南	20.3	7.3	1.52	0.94	0.24	0.06	8.5	73
腾屯村	葛成云	11.5	12.7	1.06	1.47	0.39	0.08	6.6	342
腾屯村	付玉超	11.5	10.9	1.02	1.15	0.35	0.09	25.2	358
靳庄村	卢圣亮	14.5	15.2	1.39	0.97	0.45	0.09	10.2	429
靳庄村	贾传福	11.5	11.6	1.28	0.78	0.44	0.09	7.3	445
靳庄村	贾传庆	11.5	11.2	1.32	2.01	0.39	0.08	14	406
小于庄村	于延雨	12.5	7.2	1.55	1.42	0.33	0.11	10.5	349
小于庄村	于光明	16.6	9	1.74	1.8	0.53	0.11	10.6	366
卢庄村	刘甲红	12.6	8.9	1.51	1.77	0.33	0.15	28.1	386
卢庄村	卢宪刚	12.1	7.9	1.56	2.03	0.39	0.1	12.2	330
乙武村	张修亭	11.1	8.4	1.18	1.3	0.5	0.1	20.6	361
前朱庄村	陈荣贵	12.1	10.2	1.46	1.81	0.73	0.1	14.1	357
前朱庄村	王风水	14.3	8.8	1.79	1.27	0.41	0.08	8.8	263
前朱庄村	张清祥	16.6	9	1.76	1.31	0.45	0.09	14	269
前朱庄村	李汉忠	15.4	6.9	1.63	0.68	0.48	0.07	16.1	155
前朱庄村	李继泉	15.7	7.3	1.73	0.92	0.49	0.06	6.7	155
前朱庄村	李继水	15	7.4	1.81	0.75	0.65	0.07	19.8	160
前朱庄村	李宝娥	24.1	9.6	1.88	1.47	0.66	0.08	42.6	178
前朱庄村	王兰斌	22.5	7.8	1.85	1.33	0.74	0.12	15.2	170
前朱庄村	孔祥德	22.1	7.4	1.8	1.4	0.67	0.08	23.3	160
小庞庄村	刘中兰	9.4	3.6	1	0.98	0.33	0.09	11.6	175
小庞庄村	张元军	5.6	4.6	0.5	0.85	0.34	0.07	13.8	180
小庞庄村	贾东伟	10.4	4.9	1.1	0.93	0.5	0.08	15.9	150
小庞庄村	王兆钢	14.8	6.4	1.34	1.81	0.51	0.08	21.3	130
小庞庄村	刘世忠	13.5	6.2	1.33	1.62	0.46	0.09	64.8	149
红庙村	张峰	13.3	6	1.38	1.52	0.65	0.11	41.6	147

（续表）

村名称	农户名称	有效铁（mg/kg）	有效锰（mg/kg）	有效铜（mg/kg）	有效锌（mg/kg）	水溶态硼（mg/kg）	有效钼（mg/kg）	有效硫（mg/kg）	有效硅（mg/kg）
红庙村	王其顺	16.4	5.9	1.87	1.17	0.56	0.1	11	138
后王庄村	王新	9.1	6.8	1.24	1.11	0.65	0.1	16.1	145
后王庄村	王刚	8.1	7.5	1.29	1.35	0.62	0.09	58.7	173
后王庄村	王传柱	8.2	8.6	1.72	1.03	0.74	0.1	80.5	177
后王庄村	王怀福	8.6	7.8	1.68	1.01	0.67	0.1	70.9	168
红庙	张峰	7.3	9.4	1.7	1.28	0.51	0.09	40.2	139
后王	王玉成	19.7	7.1	0.18	0.71	0.73	0.09	19.7	156
后王	郝作成	19.7	7.1	1.78	0.74	0.53	0.08	21.1	148
后王	王传江	13.9	6.7	1.92	0.68	0.59	0.08	18.2	150
后王	赵安金	15.1	6.3	1.91	0.68	0.57	0.08	17.6	155
后王	王金亮	11.1	6.4	1.83	0.67	0.7	0.09	22.5	152
后王	王传印	7	9.1	1.33	0.85	1.11	0.09	24.7	148
天润园	东 30 米	20	8	1.95	0.75	0.62	0.13	18.9	194
天润园	东南大棚	36	10.7	2.45	0.37	0.96	0.09	181.7	181
天润园	拱棚中心	13.1	6.1	1.68	0.88	0.44	0.13	6.7	174
天润园	东 50 米	20.9	8.3	2.25	1.02	0.55	0.14	10.6	222
云溪庄园	东北	12.1	8.5	1.86	0.72	0.23	0.09	10.8	197
云溪庄园	东南	12.9	8.7	1.98	0.71	0.2	0.08	10.9	229
云溪庄园	中东北	12.8	8.4	1.49	0.75	0.22	0.09	15.3	228
云溪庄园	中东南	14.1	8.4	1.41	0.69	0.27	0.07	18.4	203
云溪庄园	中西北	7.9	8.6	1.19	0.95	0.19	0.08	16.2	188
云溪庄园	中西南	9	7.3	1.24	0.64	0.3	0.08	12.1	179
云溪庄园	西北	7.8	7.2	1.01	0.67	0.27	0.07	10.4	166
云溪庄园	西南	9.3	7.6	1.01	0.67	0.3	0.07	13.7	186
后朱庄村	汤传英	9.6	4.8	1.03	1.05	0.46	0.04	12.6	129
后朱庄村	孔庆国	10.3	5.5	0.97	1.24	0.53	0.07	17.2	126
后朱庄村	孔繁诺	7.8	4.3	0.97	1.32	0.38	0.05	7.7	116
后朱庄村	王其娥	8	4.7	1.11	1.32	0.4	0.04	16.5	117

（续表）

村名称	农户名称	有效铁（mg/kg）	有效锰（mg/kg）	有效铜（mg/kg）	有效锌（mg/kg）	水溶态硼（mg/kg）	有效钼（mg/kg）	有效硫（mg/kg）	有效硅（mg/kg）
后朱庄村	孔宪茂	9.6	3.9	0.95	1.11	0.46	0.05	18	110
后朱庄村	王保香	6.9	5.3	0.51	1	0.32	0.05	7.7	136
后朱庄村	孔凡池	11.4	5.3	1.08	1.07	0.4	0.06	13.7	126
中楼子	王树成	15.2	6.6	1.46	1.49	0.47	0.07	22.4	178
中楼子	刘宏刚	16.2	6.8	1.34	1.71	0.42	0.08	30.7	185
中楼子	王绪才	16.8	7	1.3	1.7	0.32	0.08	30.3	177
马店	孔令才	20.4	7.1	1.79	1.38	0.32	0.09	9.4	314
前王	王友胜	7.6	7.1	1.4	0.81	0.81	0.08	24.2	150
前王	王友如	7.6	8.2	1.25	0.9	0.23	0.08	32	187
前王	王成喜	7	8	1.31	0.83	0.26	0.08	18.7	177
前王	张家香	7.8	6.4	0.81	0.63	0.26	0.08	20.9	180
潘庄	王凤年	6.8	5.8	0.8	0.49	0.26	0.08	28.1	148
潘庄	王玉海	7.6	6.8	0.73	0.58	0.71	0.09	21.9	192
潘庄	潘义河	9.8	9.2	0.98	0.95	0.55	0.13		153
潘庄	潘传书	9.4	9.5	1.02	1.15	0.59	0.12	14.5	140
潘庄	潘传军	9.1	5.8	0.78	1.09	0.32	0.08	12.6	186
潘庄	潘传荣	8.8	9.6	1.34	0.99	0.44	0.08	12.7	175
潘庄	潘传勇	9.8	8.5	1.3	0.81	0.55	0.08	13.7	166
史庄	史长城	9.7	7.5	1.34	0.81	0.5	0.07	13.2	158
史庄	李文祥	11.2	9.7	1.28	1.03	0.53	0.08	12.1	187
史庄	李发财	14.7	8.6	1.58	1.04	0.38	0.09	15.9	178
史庄	史春山	14.3	8.1	1.54	1.05	0.46	0.08	15	174
史庄	李发水	9.8	8.7	0.91	1.57	0.5	0.08	28.7	149
鸿瑞农场	大门西30米	35	10.6	1.49	1.22	0.31	0.12	12.1	222
鸿瑞农场	大门西100米	16.6	7.7	1.04	1.19	0.27	0.11	9.2	400
鸿瑞农场	3号大棚内	8.6	5.1	0.87	2.59	0.56	0.1	407.6	259
鸿瑞农场	7、9号中间	7.7	3.3	0.58	0.3	0.38	0.07	9.6	386
首农	首农8区	9.9	7.1	1.2	1.03	0.33	0.09	9.2	277

（续表）

村名称	农户名称	有效铁（mg/kg）	有效锰（mg/kg）	有效铜（mg/kg）	有效锌（mg/kg）	水溶态硼（mg/kg）	有效钼（mg/kg）	有效硫（mg/kg）	有效硅（mg/kg）
首农	首农 4 区东	9.2	6.7	1.21	1.11	0.23	0.09	14.4	207
首农	首农 4 区西	21.1	6.3	1.54	1.27	0.35	0.09	26.4	208
首农	首农 8 区西	18.3	6.8	1.45	1.45	0.32	0.07	30.4	229
首农	首农 7 区东	12.2	5.4	1.17	0.55	0.23	0.07	20.6	208
首农	首农 3 区东	12.9	5.9	1.17	0.68	0.37	0.07	17.2	218
首农	首农 7 区西	12.4	3.4	0.68	0.34	0.34	0.07	15	92
首农	首农 3 区西	11.5	3.3	0.67	0.4	0.5	0.06	13.8	96
首农	首农 2 区东	11	4.2	0.96	0.7	0.61	0.07	105	97
首农	首农 6 区东	10.6	4.3	0.91	0.74	0.51	0.08	103.2	92
首农	首农 2 区西	8.4	3.8	0.72	0.58	0.58	0.08	85.2	94
首农	首农 6 区西	8.5	4	0.74	0.55	0.43	0.07	129.2	80
首农	首农 10 区	8.5	6.1	0.99	0.79	0.54	0.08	95.7	100
首农	首农 50 区	8.4	5.4	0.95	0.79	0.48	0.08	74.3	103
首农	首农 10 区西	8.2	4.9	0.78	0.58	0.32	0.06	18.3	118
首农	首农 50 区西	8.5	5	0.8	0.65	0.23	0.07	18.7	135
赵庄村	赵志荣	11.8	8.1	1.29	1.24	0.29	0.14	16.1	289
赵庄村	李焕勇	10.9	8.4	1.32	1.48	0.34	0.12	6.6	304
马店村	孔令泉	10.5	9.8	1.77	1.2	0.42	0.08	10.2	270
马店村	孔德勇	9.8	8.9	1.7	1.13	0.39	0.09	6.3	263
马店村	孔令春	10.8	10.5	1.81	1.4	0.42	0.08	14.5	295
马店村	邓洪军	22.5	7.6	1.92	0.84	0.53	0.08	26.4	165
马店村	邓传亮	23.3	7.9	1.83	1.03	0.5	0.08	40.9	154
马店村	赵昔海	17.7	8.1	1.99	0.87	0.51	0.06	17.1	166
马店村	孔祥泉	17.9	7.6	1.99	0.9	0.63	0.08	8.6	219
马店村	刘桂香	14.2	8.1	1.9	0.96	0.43	0.08	11.6	161
马店村	赵昌宏	9.3	10.4	1.41	1.06	0.44	0.08	62.5	210
马店村	赵万兴	9	8.8	1.39	1.1	0.32	0.08	15.6	187
马店村	王永秀	8.4	9.4	1.47	1.08	0.29	0.08	51.6	203

（续表）

村名称	农户名称	有效铁（mg/kg）	有效锰（mg/kg）	有效铜（mg/kg）	有效锌（mg/kg）	水溶态硼（mg/kg）	有效钼（mg/kg）	有效硫（mg/kg）	有效硅（mg/kg）
马店村	孔祥明	8.6	8.9	1.45	1.1	0.42	0.06	12.9	202
马店村	王永泉	9	6.4	0.92	0.73	0.38	0.11	11.1	138
马店村	邓传军	8	6	0.84	0.64	0.4	0.08	14	105
马店村	孔令宝	8.9	6.4	0.85	0.74	0.33	0.07	16.1	139
马店村	赵昔金	11.3	8.5	1.13	1.04	0.52	0.07	9.7	165
马店村	孔德臣	10.2	9.2	1.04	1.21	0.54	0.07	16.5	149
老拐子李	李继吾	10.1	6	0.86	1.17	0.73	0.09	6.7	137
丁店	史成文	11	8.5	0.94	1.5	0.32	0.07	30.9	161
丁店	史方城	10.3	8.9	0.97	1.53	0.46	0.08	32.3	150
丁店	何明全	14	9	0.91	1.66	0.45	0.08	29.6	152
丁店	史茂山	14.2	9	0.91	1.69	0.46	0.06	30.1	167
丁店	史双城	14.4	9	2.01	1.6	0.44	0.07	15.8	215
丁店	李成金	14.8	9.9	2	1.42	0.33	0.07	15	224
丁店	刘建军	13.6	9.4	1.96	1.38	0.41	0.07	19.9	215
丁店	赵世友	15.8	9.1	1.98	1.4	0.4	0.07	14.4	222
丁店	李洪伟	13.9	9.2	1.91	1.34	0.31	0.07	13.6	230
丁店	冯光俊	13	8.8	1.82	1.38	0.46	0.06	17.5	215
丁店	赵万金	15.9	10.1	1.96	1.41	0.45	0.07	13.3	213
丁店	冯存英	15.4	9.9	1.93	1.36	0.27	0.07	13.6	221
北郭庄	王付珍	19.7	9.6	1.56	1.2	0.71	0.14	3.9	132
北郭庄	刘克平	14.1	8.2	1.31	0.91	0.41	0.08	12.5	192
北郭庄	刘荣方	18.8	9	1.4	1.26	0.65	0.09	29.4	167
北郭庄	李金山	12.2	8.8	1.03	0.81	0.27	0.06	9.7	170
北郭庄	刘风元	12.2	7.8	0.93	0.6	0.3	0.05	29.6	153
北郭庄	张治才	16.8	8.6	1.33	1.12	0.76	0.08	23.6	167
北郭庄	刘风才	12.4	9.5	0.97	0.77	0.31	0.06	10.4	174
北郭庄	刘开明	12.7	8.8	0.93	0.66	0.3	0.06	12.8	157
丁店	李开法	13.6	9	0.93	1.88	0.61	0.07	15	160

（续表）

村名称	农户名称	有效铁（mg/kg）	有效锰（mg/kg）	有效铜（mg/kg）	有效锌（mg/kg）	水溶态硼（mg/kg）	有效钼（mg/kg）	有效硫（mg/kg）	有效硅（mg/kg）
丁店	边庆关	14. 7	9. 8	1. 33	1. 51	0. 31	0. 07	19. 7	191
丁店	韩麦昌	12. 1	9. 2	1. 18	1. 28	0. 31	0. 07	12. 4	192
丁店	赵昔岭	12. 9	3. 9	1. 01	1. 23	0. 38	0. 05	17. 6	163
丁店	石绍禄	11. 5	8. 2	1. 15	1. 24	0. 38	0. 06	11. 7	202
首农	首农 100 区东	10. 6	4. 4	1. 03	0. 73	0. 37	0. 1	14. 9	140
首农	首农 140 区东	11. 1	4. 4	1. 07	0. 79	0. 41	0. 08	16. 2	139
首农	首农 100 区西	8. 9	3. 9	0. 91	1. 07	0. 5	0. 07	17	155
首农	首农 14 区西	8. 3	3. 9	0. 9	1. 04	0. 36	0. 08	16. 8	150
首农	首农 9 区东	7. 6	4	0. 59	0. 88	0. 32	0. 07	29. 8	114
首农	首农 13 区东	8	4. 4	0. 54	1. 04	0. 31	0. 07	45	126
首农	首农 9 区西	7. 1	3. 8	0. 83	0. 79	0. 31	0. 08	17. 4	162
首农	首农 13 区西	7. 8	4. 4	0. 87	0. 73	0. 84	0. 08	17. 8	176
首农	首农 15 区西	14. 9	4	1. 06	0. 73	0. 87	0. 08	7. 3	134
首农	首农 11 区西	10. 3	5. 2	1. 21	1. 01	0. 86	0. 09	41	200
首农	首农 11 区东	9. 2	4. 4	1. 14	0. 65	0. 81	0. 1	25. 2	273
首农	首农 15 区东	10	5. 5	1. 35	0. 7	0. 8	0. 08	19. 9	187
首农	首农 12 区西	7. 8	8. 3	1. 31	2. 17	0. 56	0. 08	41	238
首农	首农 16 区西	9. 9	6	1. 4	0. 94	0. 81	0. 11	10. 6	208
首农	首农 12 区东	12. 3	6. 3	1. 26	1. 2	0. 65	0. 12	7. 9	227
首农	首农 16 区东	7. 5	8. 6	1. 05	1. 53	0. 75	0. 1	71. 5	265
首农	首农 25 区北	7. 3	8. 2	1. 04	1. 59	0. 6	0. 11	27. 8	427
首农	首农 20 区北	9. 1	5. 8	1. 03	0. 61	0. 82	0. 1	27. 8	404
首农	首农 25 区南	9. 9	5. 9	1. 11	0. 83	0. 74	0. 11	25. 7	411
首农	首农 24 区南	9. 9	4. 8	1. 35	2. 55	0. 64	0. 12	19. 5	489
老拐子李	李宝喜	10	6. 5	0. 76	0. 99	0. 6	0. 09	12. 7	144
老拐子李	李宝法	9. 1	7	0. 79	1. 12	0. 65	0. 08	16. 2	135
老拐子李	李继禄	15. 7	8. 4	1. 42	1. 2	0. 72	0. 1	31	154
腾屯村	葛成云	8. 5	10. 1	0. 92	2. 18	0. 42	0. 11	14. 6	312

（续表）

村名称	农户名称	有效铁（mg/kg）	有效锰（mg/kg）	有效铜（mg/kg）	有效锌（mg/kg）	水溶态硼（mg/kg）	有效钼（mg/kg）	有效硫（mg/kg）	有效硅（mg/kg）
腾屯村	付玉超	6.1	8.4	0.86	1.2	0.32	0.1	7.9	362
腾屯村	于光明	6.8	9.4	0.88	1.12	0.66	0.09	11	350
腾屯村	李继河	9.2	8.4	1.09	2.07	0.39	0.1	9.6	355
腾屯村	史成香	10.9	9.3	1.42	1.8	0.33	0.12	5.5	360
腾屯村	付延荣	8.8	7.8	0.96	1.49	0.45	0.12	6.5	306
腾屯村	陈龙亮	10.6	7.9	0.88	1.31	0.33	0.09	10.5	311
马店	孔令泉	10.8	6.6	0.96	1.75	0.31	0.09	18.4	323
马店	孔德勇	7.7	5.4	1.05	0.97	0.24	0.07	123.2	180
中楼	邓洪军	8	5.3	1.08	0.96	0.4	0.07	182	193
中楼	王其和	8.1	5.2	1.07	0.94	0.43	0.07	183.4	178
小王	王东	8.6	5.1	1.07	0.93	0.35	0.06	99.7	186
中楼	张永贵	7.8	5.3	1.06	0.95	0.46	0.09	146.6	237
老刘	刘树合	9.8	5.3	0.94	1.02	0.32	0.06	234.8	158
老刘	刘树根	11.5	5.5	0.94	1.03	0.48	0.06	197.8	178
三合	张召明	11.4	5.2	0.94	0.93	0.25	0.06	368.8	162
老刘	刘宝坤	11.1	5	0.9	1.01	0.32	0.06	234.8	161
老刘	王桂芝	10.4	6.4	1.26	1.45	0.24	0.07	24.3	206
冯庄	冯光全	9.1	5.9	1.32	1.62	0.58	0.1	20.7	316
韩庄	韩丹奇	9.8	6	1.14	1.41	0.42	0.1	4.1	390
前王	王成才	9.4	5.2	1.07	0.95	0.63	0.09	11.6	425
新五	王付军	9.3	5	1.05	1.05	0.38	0.11	2.8	444
新五	刘方友	9.4	5.2	1.12	1.13	0.49	0.09	10.5	413
腾屯	付玉良	8.9	5.2	1.42	2.24	0.51	0.1	16.5	402
首农	首农 30 区东	9.4	5.1	1.02	0.61	0.57	0.12	8.4	413
首农	首农 30 区西	8.9	4.5	1.12	0.57	0.8	0.1	20.2	367
首农	首农 23 区东	12.8	5.5	1.23	0.87	0.48	0.1	11.8	261
首农	首农 29 区东	8.8	5.9	0.86	3.85	0.51	0.14	24.4	346
首农	首农 23 区西	7.1	4.3	1.21	1.01	0.4	0.09	8.4	183

（续表）

村名称	农户名称	有效铁（mg/kg）	有效锰（mg/kg）	有效铜（mg/kg）	有效锌（mg/kg）	水溶态硼（mg/kg）	有效钼（mg/kg）	有效硫（mg/kg）	有效硅（mg/kg）
首农	首农 29 区西	8. 5	5. 6	0. 92	1. 01	0. 43	0. 1	19. 4	119
首农	首农 28 区北	8. 1	5. 5	0. 93	0. 89	0. 41	0. 1	11. 5	261
首农	首农 28 区南	7. 6	6. 5	0. 9	0. 94	0. 41	0. 12	9. 4	232
首农	首农 27 区东	12	4. 9	1. 19	0. 91	0. 56	0. 12	20. 2	281
首农	首农 22 区东	9. 3	4. 2	1. 87	1. 16	0. 37	0. 12	23. 1	270
首农	首农 27 区西	12. 8	8. 1	1. 15	0. 85	0. 47	0. 09	6. 1	95
首农	首农 22 区西	12. 4	7. 2	1. 1	0. 89	0. 3	0. 11	12. 7	353
首农	首农 17 区西	10	7	1. 11	1. 21	0. 43	0. 12	9. 9	280
首农	首农 17 区东	9. 8	5. 8	1. 13	1. 14	0. 53	0. 11	7. 7	260
首农	首农 18 区西	9. 5	6. 8	1. 09	1. 27	0. 4	0. 14	12. 3	289
首农	首农 18 区东	10. 5	6. 4	1. 18	1. 17	0. 27	0. 12	7	283
首农	首农 21 区东	11. 3	5. 9	1. 24	1. 42	0. 44	0. 09	11. 5	167
首农	首农 21 区西	9. 5	6. 6	1. 14	1. 01	0. 22	0. 09	8. 9	183
首农	首农 19 区南	9. 7	5. 7	1. 14	0. 84	0. 47	0. 08	5	171
首农	首农 19 区北	10. 9	5. 7	1. 21	1. 08	0. 59	0. 1	9	35
史庄	李克法	11. 6	8	1. 49	2. 14	0. 45	0. 09	11. 3	381
史庄	史同山	10. 6	6. 9	1. 43	2	0. 46	0. 12	4. 2	749
史庄	史涛成	13. 2	7. 8	1. 21	1. 21	0. 42	0. 1	12. 5	374
史庄	史全山	14. 7	8. 3	1. 21	1. 51	0. 44	0. 12	12. 4	351
王府	王超	6. 9	6. 5	0. 88	1. 14	0. 53	0. 07	13	367
后孙	刘士明	7	6. 2	0. 97	1. 11	0. 38	0. 06	20. 2	348
小王	王正香	7. 4	6. 5	0. 94	1. 12	0. 46	0. 09	14	355
三合	刘树水	7. 1	6. 9	0. 91	1. 2	0. 53	0. 07	24. 5	310
前升	房玉和	7. 4	6. 8	0. 98	1. 16	0. 46	0. 09	11. 2	352
后升	周丙合	6. 8	5. 4	1. 08	1. 15	0. 37	0. 04	104. 9	191
后升	孙首卫	7. 8	5. 3	1. 14	0. 88	0. 7	0. 05	72. 1	194
后升	周波	7. 2	5. 2	1. 13	0. 81	0. 39	0. 06	91	195
西张	张吉昌	7. 5	5. 3	1. 15	1. 05	0. 39	0. 07	104. 9	201

（续表）

村名称	农户名称	有效铁（mg/kg）	有效锰（mg/kg）	有效铜（mg/kg）	有效锌（mg/kg）	水溶态硼（mg/kg）	有效钼（mg/kg）	有效硫（mg/kg）	有效硅（mg/kg）
西张	吴士民	12.8	5.3	0.97	0.82	0.71	0.06	61.6	189
西张	张洪武	12.9	5	0.96	1.53	0.46	0.06	101.5	176
西张	张洪林	13.6	4.8	0.93	1.42	0.71	0.07	110.1	171
西张	卢守江	9.2	6.3	1.07	1.45	0.39	0.09	4.8	428
老刘	刘得生	8.6	6.2	0.82	1.37	0.31	0.07	11.3	307
油房	王永民	8.3	5.7	0.81	1.35	0.46	0.07	3.8	274

由表4-3可知，示范区所选300个代表土样的中微量养分含量也差异显著。其中，有效铁的含量为5.6～36.00mg/kg，平均值为11.73mg/kg；有效锰的含量为3.30～15.20mg/kg，平均值为7.18mg/kg；有效铜的含量为0.18～2.45mg/kg，平均值为1.27mg/kg；有效锌含量为0.30～3.85mg/kg，平均值为1.14mg/kg；水溶态硼的含量为0.18～1.11mg/kg，平均值为0.44mg/kg；有效钼的含量为0.04～0.09 mg/kg，平均值为0.16mg/kg；有效硫含量为2.4～528.7mg/kg，平均值为29.3 mg/kg，变异极大；有效硅含量为35.3～749.8mg/kg。

参照全国的土壤有效微量元素分级指标（表4-4），从微量元素的含量来看，尽管不同土样差异相对显著，但整体来看有效锌、有效铜、有效锰以及有效铁的含量中等偏高的水平，几乎不存在微量元素缺乏的现象。

表4-4　全国土壤有效微量元素分级指标　（单位：mg/kg）

分级	极低	低	中等	高	极高	提取剂
有效锌	<0.3	0.3～0.5	0.5～1.0	1.0～3.0	>3.0	DTPA液
有效铜	<0.1	0.1～0.2	0.2～1.0	1.0～1.8	>1.8	DTPA液
有效锰	<1	1～5	5～15	15～30	>30	DTPA液
有效铁	<2.5	2.5～4.5	4.5～10	10～20	>20	DTPA液

（2）测土配方实施前后土壤硝酸盐含量变化情况

在前期测土配方取样的基础上，在10个取样点的基础上选择取一个最具代表性土样，分别在实施前后对其土壤硝酸盐含量进行了监测，进行评估测土配方实施前后土壤硝酸盐的积累量情况以及减少氮流失的风险。

表 4-5　测土配方前土壤硝态氮及其积累量情况

编号	取样地点	方位	土壤硝态氮含量（mg/kg）					硝态氮积累量（kg/亩）
			0~20cm	20~40cm	40~60cm	60~80cm	80~100cm	
1	长清区天润园蔬菜种植专业合作社	中部	25.44	14.83	2.12	2.67	6.54	11.28
2	娘娘店村	东南	18.45	2.45	1.53	5.20	10.11	8.00
3	怀家庙村	南	10.15	5.64	8.05	10.76	11.12	9.81
4	小庞村	东	16.52	4.35	5.14	4.85	11.94	9.15
5	纪店村	东南	6.12	2.03	2.14	4.78	6.85	4.44
6	纪店村	南	15.36	10.31	6.12	4.75	4.11	8.20
7	红庙村	东南	17.62	15.46	9.52	6.10	5.84	11.07
8	后王村	南	9.12	20.15	12.56	8.78	4.89	11.44
9	马店村	西北	6.75	2.23	0.74	0.40	0.30	2.04
10	赵庄村	东	11.21	9.12	3.78	2.51	3.32	6.03
11	石庄村	东南	9.54	4.21	1.10	0.20	0.40	3.55
12	后朱庄村	西	11.23	6.12	2.52	3.56	3.18	6.20
13	北郭庄	南	4.89	6.01	4.12	5.29	14.25	8.16
14	老拐子李村	东南	20.15	21.23	12.65	12.45	14.56	19.15
15	前朱庄村	西	12.45	7.25	2.10	0.72	4.15	6.18
16	中楼村	西北	18.45	3.65	4.35	9.62	6.78	9.94
17	北张村	西南	21.45	3.96	3.65	2.81	3.20	8.03
18	西张村	东北	4.10	1.70	0.20	0.60	2.78	2.16
19	史庄村	南	12.54	6.89	7.62	2.92	4.50	8.08
20	潘庄村	东	3.65	10.50	13.02	9.81	9.75	11.22
21	丁店村	东南	7.50	18.56	22.53	7.56	16.52	17.41
22	山东恒源生态农业有限公司	东北	16.89	10.42	4.56	2.30	1.70	8.49
23	山东恒源生态农业有限公司	中部	2.65	3.01	2.42	1.10	4.12	2.87
24	山东首农西区生态农场有限公司	西北	1.65	0.70	0.82	4.20	2.31	2.18

（续表）

编号	取样地点	方位	土壤硝态氮含量（mg/kg）					硝态氮积累量（kg/亩）
			0~20cm	20~40cm	40~60cm	60~80cm	80~100cm	
25	山东首农西区生态农场有限公司	中部	1.45	1.36	0.61	1.84	26.54	7.27
26	山东首农西区生态农场有限公司	东	20.15	8.10	2.96	0.20	0.65	7.47
27	山东首农西区生态农场有限公司	西南	0.83	3.51	2.14	0.20	0.30	1.66
28	滕屯村	南	4.10	11.26	7.12	2.45	1.87	6.35
29	小于村	东	2.65	11.00	9.74	2.51	2.32	6.72
30	韩庄	东北	4.30	22.56	12.15	0.85	0.71	9.31

表 4-6　测土配方后土壤硝态氮及其积累量情况

编号	取样地点	方位	土壤硝态氮含量（mg/kg）					硝态氮积累量（kg/亩）
			0~20cm	20~40cm	40~60cm	60~80cm	80~100cm	
1	长清区天润园蔬菜种植专业合作社	中部	21.32	12.75	1.87	2.87	7.02	10.01
2	娘娘店村	东南	14.28	1.88	1.51	5.29	10.25	7.03
3	怀家庙村	南	7.26	4.99	7.93	10.86	11.00	9.02
4	小庞村	东	14.84	3.81	5.05	4.91	12.75	8.83
5	纪店村	东南	4.36	1.58	2.15	4.80	6.84	4.02
6	纪店村	南	12.97	10.29	5.74	4.77	4.03	7.64
7	红庙村	东南	15.55	13.74	8.23	6.11	5.79	10.03
8	后王村	南	8.34	18.47	10.38	8.65	4.88	10.44
9	马店村	西北	6.11	1.96	0.64	0.38	0.27	1.83
10	赵庄村	东	9.22	8.29	3.78	2.37	3.25	5.43
11	石庄村	东南	8.87	2.97	0.80	0.17	0.39	3.01
12	后朱庄村	西	8.53	4.30	2.02	3.42	3.08	4.98
13	北郭庄	南	4.18	5.59	3.95	5.09	15.06	8.00

（续表）

编号	取样地点	方位	土壤硝态氮含量（mg/kg）					硝态氮积累量（kg/亩）
			0~20cm	20~40cm	40~60cm	60~80cm	80~100cm	
14	老拐子李村	东南	18.89	20.03	11.72	11.99	15.23	18.40
15	前朱庄村	西	9.30	5.18	1.48	0.63	4.24	4.83
16	中楼村	西北	15.01	2.47	4.38	9.60	6.90	8.92
17	北张村	西南	18.90	3.73	3.19	2.76	3.21	7.28
18	西张村	东北	3.00	1.50	0.17	0.52	2.74	1.84
19	史庄村	南	10.28	6.33	7.57	2.81	4.42	7.39
20	潘庄村	东	3.58	10.44	13.01	9.79	9.61	11.14
21	丁店村	东南	7.44	17.53	17.05	6.05	14.28	14.92
22	山东恒源生态农业有限公司	东北	14.82	9.13	4.38	2.29	1.68	7.64
23	山东恒源生态农业有限公司	中部	2.28	2.92	2.20	0.94	4.09	2.68
24	山东首农西区生态农场有限公司	西北	1.51	0.67	0.78	4.15	2.26	2.11
25	山东首农西区生态农场有限公司	中部	1.35	1.30	0.57	1.83	22.81	6.37
26	山东首农西区生态农场有限公司	东	18.32	7.00	2.88	0.17	0.58	6.76
27	山东首农西区生态农场有限公司	西南	0.79	3.46	2.07	0.17	0.29	1.61
28	滕屯村	南	3.91	10.96	6.90	2.35	1.67	6.11
29	小于村	东	2.45	10.80	9.65	2.47	2.16	6.56
30	韩庄	东北	4.20	20.04	10.05	0.72	0.62	8.17

由表4-5和表4-6可知，在实施测土配方2年后，30个取样点各土层的硝态氮含量均有了不同程度的下降，其硝酸盐含量明显下降，同时，0~1m土层的硝态氮积累量比2年前有了不同程度的降低，说明土体中硝态氮累积量有了明显的削减，其随降水和灌水淋溶的风险大大降低。由表4-3和表4-4对比可知，30

个取样点的0~1m土层硝态氮积累量减少范围在0.02~2.13kg/亩，平均减少量为0.59kg/亩。

长清区农业面源污染防控综合示范区面积为3万亩，以平均每亩的硝态氮减少量为0.59kg计算，可以减少0~1m土体的硝酸盐累积量为17.7t，具有很好的环境效益。

（3）示范区化肥使用变化情况

在长清区示范区，测土配方施肥技术推广面积3万亩。其中，小麦、玉米的示范面积最大，模式为小麦玉米轮作2万亩；露地蔬菜0.62万亩，设施蔬菜是0.2万亩，果树0.08万亩，花卉苗木0.1万亩。

在未推广测土配方施肥技术之前，小麦习惯施肥量为基肥45%复合肥50kg，后期追肥尿素25kg，共计每亩投入的肥料氮磷钾（纯养分计）分别为19kg、7.5kg、7.5kg；小麦测土配方推荐施肥量为配方肥50kg，折氮磷钾（纯养分计）分别为7.5kg、11kg、4kg，每亩减少养分投入11.5kg，小麦实施测土配方施肥技术的面积为2万亩，即减少肥料（纯养分计）投入230t。

玉米的习惯施肥量为基施45%复合肥40kg和追肥尿素40kg，合计每亩投入的肥料氮磷钾（纯养分计）分别为24.4kg、6kg、6kg，玉米测土配方推荐施肥量为45%（氮：磷：钾=15：22：8）40kg/亩，折养分投入量氮磷钾（纯养分计）分别为6kg、8.8kg和3.2kg，每亩的养分投入量减少了18.4kg，玉米实施测土配方施肥技术的面积也是2万亩，即可减少肥料投入（纯养分计）368t。

施肥量投入较大的蔬菜、果树、花卉苗木总面积为1万亩，其中，以设施蔬菜和露地蔬菜面积最大，总计占77%，以蔬菜类施肥量为代表，习惯施肥量为复合肥100~150kg/亩，平均用量为135kg/亩，折养分投入量氮磷钾（纯养分计）分别为20.25kg、20.25kg和20.25kg，测土配方的推荐施肥量为有机肥200~500kg/亩+复合肥80kg/亩，相当于每亩施用氮磷钾（纯养分计）分别为12kg、12kg和12kg的基础上，再平均施用有机肥350kg/亩，有机肥带入的养分仅为17.5kg，与习惯施肥相比，其带入的养分减少量为7.25kg，合计减少纯养分投入72.5t。

综上所述，在推广测土配方施肥技术后，示范区每年可减少纯养分投入670.5t，相当于每亩减少肥料投入13.41kg。目前每吨养分价格在5 000~7 000元，可以节省肥料投入成本335万~470万元，相当于每亩可减少肥料投入67~94元，经济效益显著。

2. 水肥一体化技术应用效果

示范区水肥一体化技术示范面积2 100亩。其中，设施作物1 600亩（其中，茄果类400亩，叶菜类600亩、葡萄600亩），大田作物100亩，实现不同作物、不同模式的水肥一体化技术集成展示。

实施水肥一体化技术后，蔬菜作物的肥料用量：有机肥200~500kg/亩+冲施肥10kg/亩次（每季蔬菜冲施4~7次）。冲施肥包括60%冲施肥（20∶20∶20）、其他微量元素和55%高钾肥（15∶10∶30）。

通过实施前后的试验对比，水肥一体化技术可比农民习惯减少灌水量30%~50%，平均每亩每季减少灌水量49m^3，节省肥料用量30%~50%，折纯养分32kg/亩。

大田作物减少肥料投入5kg/亩，每年约减少折纯养分投入64.5t，水溶肥料的价格为10~15元/kg，相当于减少投入64.5万~96.75万元，经济效益显著。

另外，水肥一体化技术可实现每亩每季节省用工15~20个，减少用工费用3 000~4 000元，整个示范区减少用工投入60万~80万元。

除了节水、节肥、节药和省工外，肥料利用率显著提高（氮肥提高18.4个百分点，磷肥提高8个百分点，钾肥提高21.5个百分点）；作物产量明显提高（蔬菜提高12%~28%，水果提高7%~14%）；蔬菜品质明显改善（蔬菜维生素C和糖分含量明显提高）；蔬菜上市时间提早7~10天（冬季棚内气温提高2~4.3℃、地温提高2~3℃），与传统种植习惯相比，每亩可增收1 000元左右。

第二节　控药的实施效果

1. 大田作物规模化防治效果

示范区的主要大田作物小麦和玉米通过统防统治，可实现作物病虫害的规模化防治，降低了防治成本，提高了防治效果。农药成本小麦每亩23~28元（包括杀虫剂和除草剂），玉米每亩13~18元；人工成本每亩每次15元，规模化防治（主要小麦和玉米虫害）的人工成本每亩3元左右。实施专业化统防统治，比非统防区要减少一次施药，施药量降低15%，小麦的农药成本每亩可减少3.45~4.2元，玉米的农药成本每亩可减少1.95~2.7元。由表3-2可知，小麦统防面积18 000亩，节省投入27.81万~29.20万元，玉米统防面积17 673亩，节省投入

24.65 万~25.98 万元。总体防治效果提高 8%~10%，作物增产 10%左右，累计增收约 357 万元。

2. 物理防治效果

物理防治以设施蔬菜为主，应用面积 500 亩。物理防治每亩色板（黄蓝板）40 元左右，太阳能杀虫灯（价格2 000元）每盏控制 30~50 亩，可长期使用。按照经验，大棚蔬菜每年的农药投资在 500~1 000元，平均按 750 元计算，而采用物理防治，其成本明显下降，太阳能杀虫灯按每盏控制 40 亩计算，折每亩的价格成本在 50 元，杀虫灯可长期使用，按其使用寿命为 5 年计算，则其每年每亩的成本为 10 元，加每亩色板的成本在 40 元，采用生物物理防治的方法每年的成本投入在 50 元，化学农药使用量减少 50%，可每亩节约 350 元，合计 500 亩设施蔬菜可以节约农药投入 17.50 万元。同时，由于化学农药仅为原来的 50%，农药残留明显降低，其安全品质大大提高，设施蔬菜的商品价值也会明显提高。

第三节　洁田的实施效果

1. 秸秆还田的效果

示范区小麦和玉米的秸秆直接还田率分别达到了 100%和 85%，15%的剩余玉米秸秆进行青贮。按照小麦和玉米的平均经济系数 0.41 和 0.42 计算，每年示范区产生小麦秸秆 1.44 万 t，玉米秸秆 1.66 万 t，小麦秸秆的养分含量（折纯养分）分别为 N 0.527%、P_2O_5 0.08%和 K_2O 1.80%，秸秆还田折合相当于带入肥料纯氮 75.9t，五氧化二磷 11.52t 和氧化钾 259.2t；而玉米秸秆的养分含量分别为 N 0.7%、P_2O_5 0.10%和 K_2O 1.12%，85%的秸秆还田相当于带入肥料纯氮 98.77t，五氧化二磷 14.11t 和氧化钾 158t，由上可见，秸秆还田可以明显提高土壤中钾含量（图 4-1）。

2. 蔬菜有机废弃物利用技术效果

通过建立消解中心，固体部分可转化为有机肥料、液体部分可与水肥一体化结合、气体部分可与沼气利用结合，做到零污染、零排放。

示范区蔬菜种植面积20 000亩，在项目实施前，平均每年产生大约 2.56 万 t 废弃物，在田间地头大量堆积，造成污染（图 4-2）。

4-1 实施前作物秸秆堆积

图 4-2 实施前废弃物堆放

示范区建设后，茄果类每亩秸秆的利用率提高至75%左右，秸秆的堆沤量约6t左右（茄果类共8 000亩），每亩可产生有机肥1.5t左右，有机肥水4.5m³。示范区茄果类总计可生产有机肥1.2万t，同时，产生有机肥水3.6万m³，按照每亩大棚有机肥施用量为330kg，可施用36 000亩左右的设施大棚，另外，有机肥水经过处理叶面喷施、滴灌施用后，可灌溉大棚面积达到600多亩大棚，节约用水 3.6 万 m^3，实现了示范园区的蔬菜有机弃物循环利用，明显改善生态环境，减少投入成本，实现环境和经济效益的双赢。

另外，经过栽培试验对比，生物有机肥对改良土壤、提高作物品质方面效果显著，通过采用沤制肥作为基肥、追肥以及沼液叶面喷施等应用技术优化集成，比常规技术提高甜椒、黄瓜、番茄等主要蔬菜产量 10%以上，亩产量效益提高近 5 000元。

3. 化学废弃物处理效果

通过建立废弃物处理可使农药包装袋（瓶）、农田残膜等废弃物做到“分类收集、集中运输、统一处理”，切实做到田间清洁。园区仍有 300 亩设施蔬菜防治采用农药防治，而用完的农药包装袋里一般残留有未用尽的农药，按每亩每年农药用量为 0.6~1.0kg，农药残留比例为 1/100，则其园区的包装袋残留农药量为 1.8~3.0kg，若未经处理，将会随雨水进入农田、地下水和食物中。

同时，农田残膜在田中不易降解，影响作物根系生长，严重的会明显降低作物产量，影响农业的可持续发展，每亩大棚的地膜用量在 2.5kg 左右，20 000亩的大棚蔬菜农膜使用量达到了 50t，地膜残留量约为 10t。因此，建立化学废弃物处理点后，残膜的 60%以上都能够被收集处理，这样可以明显改善示范区农田生态环境，具有很好的环境效益。

第四节　修复的实施效果

1. 盐碱障碍的修复效果

在长清选择示范区冬暖式大棚和大拱棚共 6 个大棚，采取灌水洗盐和种植耐盐碱植物（番茄和苜蓿）等技术措施。经过前后的盐分监测结果发现（表 4-7），每个大棚的土壤盐分含量较修复前均有明显下降，降幅均在 10%以上。

表 4-7　长清大棚修复前后土壤盐分含量的对比

取样点	修复前全盐含量（g/kg）	修复后全盐含量（g/kg）	盐分降低量（g/kg）	降低幅度（%）
冬暖式 1	2.8	2.14	0.66	23.57
冬暖式 2	1.4	1.24	0.16	11.43

（续表）

取样点	修复前全盐含量（g/kg）	修复后全盐含量（g/kg）	盐分降低量（g/kg）	降低幅度（%）
冬暖式 3	1.2	0.74	0.46	38.33
大拱棚 1	1.2	0.86	0.34	28.33
大拱棚 2	1.2	0.74	0.46	38.33
大拱棚 3	1	0.7	0.3	30.00

在济阳示范区选择 60 个大棚中 7 个 5 年以上老棚进行修复前后土壤物理、化学等性状的监测，经过一年的修复，不论是在盐分、养分含量等指标上有了明显改变，而且土壤土壤板结问题也得到了明显改善。

表 4-8　济阳大棚修复前后土壤盐分含量的比较

采样点	姓名	修复前全盐含量（g/kg）	修复后全盐含量（g/kg）	盐分降低量（g/kg）	降低幅度（%）
石墓田村	张东明	2.6	1.2	1.4	53.85
石墓田村	高继文	1.6	2.0	-0.4	-25
中索村	张祥禄	2.4	1.7	0.7	29.17
中索村	王国柱	3.8	3.5	0.3	7.89
西索村	李学善	7.85	8.50	-0.65	-8.28
西索村	李乐东	7.98	8.15	-0.17	-2.13
西索村	韩继刚	7.93	8.01	-0.08	-1.01

由表 4-8 可知，修复前后土壤全盐量有 3 个大棚盐分下降明显，说明修复技术效果明显；而另外 4 个大棚盐分出现上升的结果，其中，3 个大棚的盐分升高相对较小，说明在土壤盐分的本底值较高情况下，一年的修复效果并不明显，需要进行多年的持续修复才能达到降低土壤盐分的目的；另外，一个大棚盐分出现明显升高的现象，这可能与农民灌水习惯有关，在这方面加强施肥后的水分管理培训，也是降低盐分的一个重要方面。

表 4-9　济阳大棚修复前后土壤容重的变化情况

采样点	姓名	容重（0~10cm）		容重（10~20cm）		容重（20~30cm）	
		前	后	前	后	前	后
石墓田村	张东明	1.25	1.19	1.42	1.20	1.32	1.32
石墓田村	高继文	1.01	0.80	1.28	1.21	1.40	1.36
中索村	张祥禄	1.07	0.68	1.03	1.16	1.23	1.31
中索村	王国柱	1.01	0.93	1.24	1.21	1.61	1.44
西索村	李学善	1.35	1.12	1.36	1.42	1.40	1.54
西索村	李乐东	1.30	1.08	1.25	1.27	1.32	1.23
西索村	韩继刚	1.31	0.83	1.34	1.36	1.45	1.49

由表 4-9 可见，0~10cm 的土壤容重都比修复前有了明显下降，下降幅度在 4.8%~36.6%，这说明修复措施改善表土的板结问题具有显著的效果；但 10~20cm 和 20~30cm 土层的容重修复前后相差不大，基本没有明显效果。这说明除了修复措施外，还要配合农机耕作措施才能起到很好的土壤改良修复的效果。建议大棚土壤在采用修复措施的同时，配合机械进行深翻，把 20~40cm 的土层翻动起来，这样也可以减少土壤板结，又能切断原来土壤中的毛细导管，减少盐分的上升在土表的积聚，进而减少了盐渍化的风险。

表 4-10 表明了修复前后耕层土壤理化性状的变化情况。其中，6 个监测大棚 pH 值都有明显的提升，土壤的缓冲能力进一步增强；修复前后的有机质含量相对较高，这也与大棚种植蔬菜前会投入大量的有机肥料有关；修复前各采样点的有机质含量在 21.4~40.3g/kg，平均含量为 32.09g/kg；而修复后有机质含量变化范围为 31.9~41.3g/kg，平均含量为 34.7g/kg。对照结果表明修复后的土壤有机质含量整体略有升高；修复后的采样点土壤硝态氮平均含量较修复前下降了 28.60%，而铵态氮平均含量则较修复前升高了 7.35%，这在一定程度上降低了硝态氮淋溶的风险；而修复后的土壤有效磷的平均含量较修复前提高了 22.35%，尽管磷在土壤中的移动比较缓慢，短时间内不会有淋溶风险，但仍需加强有机肥和无机肥料的配合施用，推荐用高碳低磷有机肥代替鸡粪等普通有机肥，这方面仍需加强技术宣传与引导；土壤速效钾修复后的平均含量要高过修复前 15.3%，有效锌的平均含量修复后较修复前提高了 25.2%，而有效硼的含量在修复前后基本上没有明显变化。根据修复前后土壤养分的变化情况，说明修复措施能够明显降低硝态氮含量，提高土壤 pH 值，提高速效钾含量，同时，也对有效锌含量有

表 4-10　济阳大棚修复前后耕层土壤化学性状的比较

采样点	pH 值		有机质（g/kg）		硝态氮（mg/kg）		铵态氮（mg/kg）		有效磷（mg/kg）		速效钾（mg/kg）		有效锌（mg/kg）		有效硼（mg/kg）	
	前	后	前	后	前	后	前	后	前	后	前	后	前	后	前	后
石墓田村张东明	7.77	7.90	37.1	32.6	76.20	75.45	4.10	11.50	310.0	351.3	568	579	16.14	14.39	0.79	0.67
石墓田村高继文	7.87	7.82	26.6	31.9	130.45	160.40	5.80	11.15	230.0	513.9	478	725	10.53	25.41	0.64	0.78
中索村张祥禄	7.60	7.63	35.2	34.7	181.20	167.25	4.35	10.40	377.3	383.1	711	714	16.52	18.51	1.21	1.19
中索村王国柱	7.49	7.59	40.3	30.9	230.35	159.15	20.30	14.90	426.9	363.4	621	596	22.20	19.50	1.11	1.02
西索村李学善	7.85	8.50	21.4	38.7	120.70	49.35	15.75	8.70	220.4	327.2	526	725	5.85	10.68	0.52	0.55
西索村李乐东	7.98	8.15	33.8	32.8	169.05	19.30	14.75	11.95	224.2	274.4	534	591	8.04	9.36	0.84	0.83
西索村韩继刚	7.93	8.01	30.2	41.3	90.50	81.95	15.95	18.35	221.1	245.8	459	563	7.18	10.37	0.66	0.76

一定的促进作用，在修复措施比较有效的同时，仍需注重有机无机的结合以及高碳有机肥对高磷有机肥的替代。

2. 土传病害防治效果

建立示范棚 4 个，选择种植季节的间隙，夏季高温、光照好的一段时间进行处理。在 6—8 月休闲季进行土壤消毒，与常规的熏蒸剂相比，石灰氮消毒亩成本仅为 400~600 元，而一般熏蒸剂的每亩成本在 1 800~2 000元，可每亩节约成本 1 400元，示范棚可节约成本 1. 12 万元。

石灰氮能够有效的杀灭大部分的地下有害生物，在 10cm 深度的土层对黄瓜枯萎病菌处理 10 天以上，可杀死 80%以上的病原菌，对茄果类及瓜类蔬菜根结线虫病有很好的防治效果，根结指数可控制在 1%以下，比对照下降 60%~90%。石灰氮除了消毒功能外，同时，也是一种氮肥，能为大棚提供养分。

第五节　循环的实施效果

1. 堆沤肥模式的实施效果

济南伟农农业技术开发有限公司已建有 1 000m^3 发酵池、1 000m^3 蔬菜废弃物沤制池。在收获期由专人每隔 1 周对示范区进行农业废弃物收集（每次秸秆收集量为 20t 左右，可连续收集 5 次），分批粉碎沤制，复配其他种养业残料及加工业无害下脚料，加入功能菌剂，每吨用量为 1kg，成本为 25 元，制成生物有机肥，折合肥料成本为 300 元左右。在可利用的有机废弃物充足时，可生产 50t 固体生物有机肥，生物有机肥按 800 元/t 计算，直接就近利用，可节省肥料开支 2. 5 万元；另外，产生的有机肥水 150m^3，经过发酵杀菌和过滤，可直接还田。

采用沤制肥作为基肥、追肥以及沼液叶面喷施等应用技术，直接服务于园区试验田内甜椒、番茄、黄瓜等蔬菜生产。可以比习惯施肥提高甜椒、黄瓜、番茄等主要蔬菜产量 10%以上，应用面积 150 多亩，亩产量效益提高近 5 000元，可提高种植户收益达到 76 万元左右。

另外，经过栽培试验对比，生物有机肥对改良土壤、提高作物品质方面效果显著。

因此，济南伟农农业技术开发有限公司的这种“废弃物—肥料（肥水）—蔬菜”的循环模式，不仅实现了农业生产环境的清洁，同时，充分利用了资源，实现了物质的循环利用，提高了农业生产效率，值得推广。

2. 生物质能综合利用模式的实施效果

山东恒源生态农业开发有限公司，根据园区实际情况结合济南市农业面源污染综合防治示范区建设，建设有机废弃物综合处理中心，建筑面积754m^2。综合处理利用园区有机废弃物、畜禽粪尿，以园区的果蔬废弃物、农作物秸秆、畜禽粪尿等联合有机物作为发酵原料，采用高浓度厌氧发酵技术进行混合发酵，产生的沼气作为炊事用气，产生的沼渣沼液经固液分离后，沼渣做成有机肥供农业基地内蔬菜大棚施肥，沼液经过滤稀释后进入园区液态肥施肥系统，可年处理农作物秸秆废弃物、果蔬废弃物、畜禽粪尿等约4 320t，年产沼液有机肥2 942t，沼渣有机肥1 038t。相当于减少肥料成本近80万元，同时，减少能源投入上万元，大大提高了作物的品质和商品价值，直接增收近50万元。

真正实现了“种植—养殖—三沼利用”的合理化循环利用，使农业种植、养殖的废弃物都得到了综合利用，同时，也有效解决农业秸秆、畜禽粪尿等废弃物对环境造成的污染，实现农业基地生态农业的有机循环。

3. 蚯蚓有机肥模式的实施效果

济南瓦力农业科技有限公司，利用蚯蚓养殖综合处理蔬菜秸秆和畜禽粪便工厂化生产有机肥，再返回农田，推动循环农业发展。建设秸秆蚯蚓养殖床面积70余亩，蚯蚓年存栏量240t，可年处理农业秸秆及动物粪便等农业废弃物10万m^3，其中，农业秸秆7万m^3，畜禽粪便3万m^3，年生产高档优质有机肥蚯蚓粪3万m^3。

蚯蚓活体作为蛋白质饲料、蚓激酶原材料，主要面向水产养殖、畜禽饲料、宠物食品、制药业原材料。蚯蚓年产量240t，销售额240万元；蚯蚓粪年产量3万m^3，销售额4 500万元；利用乌克兰技术从蚯蚓粪中活化提取黄腐酸，作为目前国内最高端植物促进剂，能明显促进植物生长，显著提高农作物产量，并可有效地改善土壤结构。现已初步推向市场，水溶液6 000元/t，预计年产量7 000t，销售额4 200万元左右。目前，已经帮助50人年龄50~60岁的不适宜外出打工的农村闲散劳动力就业，每人每年增加工资收入3万元。

通过对蔬菜秸秆废弃物的回收和无害化处理，有效减轻了因大棚蔬菜垃圾给当地造成的环境污染，同时，处理后的蚯蚓粪通过后期加工，转化为性能优异的生物有机肥，在解决大气污染、土壤退化、垃圾处理等问题上，将生态污染降至最低。

第五章　组织实施方式与保障措施

第一节　组织实施方式

1. 绿色农业示范区的范围

2014 年，济南市开始实施“推进清洁生产、建设美丽田园”工程，启动了 3 万亩农业面源污染综合防治示范区建设项目，如下图所示。示范区分别位于长清区平安街道办事处、济阳县垛石镇。示范区位于长清区平安街道办事处辖区，东临国道 220 线，西靠黄河，涉及 35 个自然村，示范区内有粮食作物 2 万余亩，设施农业和园艺作物 1 万余亩，辐射带动周边农业基地园区 10 万余亩。示范区内土地流转率接近 50%，发展家庭农场 5 家、农民合作社 23 家、现代农业园区 12 家、蔬菜标准园（应急菜田）4 家。

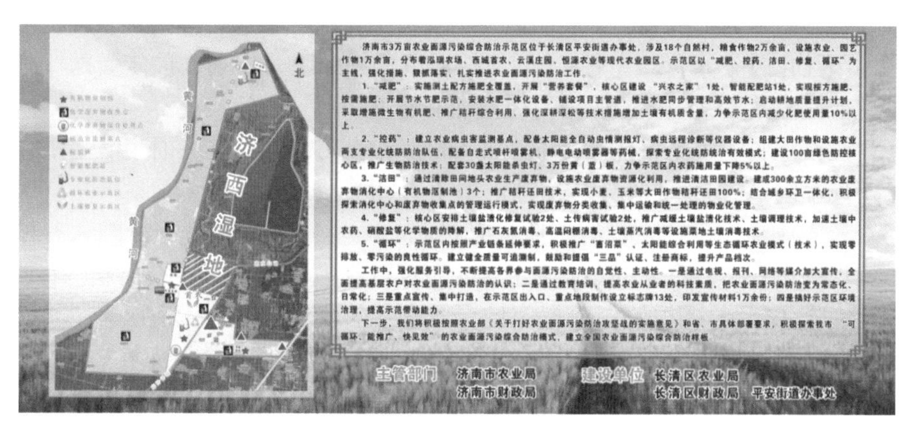

图　济南市农业面源污染综合防治示范区

2016 年，济南市启动了济阳县农业面源污染综合防治示范区建设。该示范区位于垛石镇辖区，248 省道两侧，包括盛禾农业科技示范园、泰昊农业科技示范园、济南众恒农业科技示范园、如意园蔬菜标准园、鸿福蔬菜专业合作社基地等设施农业生产区，示范面积1万亩。

2. 模式构建的实施过程

（1）动员启动阶段

2014年2—6月，摸清示范区内各项生产实情、明确目标任务、落实责任单位，发动基层政府和群众积极参与农业面源污染综合防治。

（2）整体推进阶段

2014年7月至2016年12月，各有关部门、单位依照既定方案制订具体工作计划和措施，全面开展农业面源污染综合防治工作。

（3）总结评价阶段

2016年7—12月，对绿色农业示范区建设的模式进行评价总结。

3. 实施方式

（1）减少化肥用量

通过实施测土配方施肥、开展节水节肥示范、启动生物有机肥补贴等综合措施来减少化肥使用量10%以上。

示范区内加大土样采集密度（设施农业采样单元为100亩），提高土样化验的准确率，科学确定配方，开展园艺作物、设施作物、中药材等附加值高的经济作物的个性化服务“营养套餐”，随时按需、按方配肥。建立“前店后网”模式的“兴农之家”一处，配备一台小型智能配肥机。

建设设施农业水肥一体化示范区1 600亩和大田作物水肥一体化示范区100亩，实现不同作物、不同模式的水肥一体化技术集成展示。

对列入目录的商品生物有机肥、有机肥、微生物菌剂等投入品纳入补贴范围，实现物化补贴，享受补贴的对象为示范区内规模化经营的涉农企业、农业合作组织、农业园区（基地）、家庭农场、种粮大户等新型农业经营主体。

推广秸秆直接还田、过腹还田，秸秆生物反应堆等生态农业技术，强化深耕深松作业等措施，安排大田深耕深松作业1万余亩，不断提高土壤有机质含量。

（2）控制农药用量

通过建立病虫害监测基点，实行病虫害专业化统防统治等控制农药用量的综合措施，使农药施用量下降5%以上。

建设农业病虫害监测基点2处，配备太阳能全自动虫情测报灯、太阳能频振式杀虫灯、显微成像系统、太阳能固定式孢子捕捉仪、微机、数码相机、显微镜、太阳能田间小气候观测仪、病虫远程诊断系统、调查工具等相关仪器设备。

组建 7~9 支大田农作物专业化防治队伍，配备自走式喷杆喷雾机、静电电动喷雾器、烟雾机、土壤消毒机等药械，实现病虫害专业化统防统治区域全覆盖。探索设施农业专业化统防统治的有效模式。

建立1 500亩的以生物防治技术为主的设施蔬菜绿色防控技术示范区，集中应用国内外相对成熟先进的设施农业病虫害生物防治新技术、新产品及新设备，发挥支撑、引领和示范作用，带动设施农业生物防治技术的推广与应用，服务现代都市农业发展。

（3）清洁田园建设

通过清除田间地头农业生产废弃物，推进清洁田园建设。建设有机物沤制池按照设施农业每 300 亩建设 1 处 300m^3 的有机物沤制池的建设标准，建设 10 处有机物沤制池。

按照2 000亩建设 1 处废弃物收集点和 3 万亩建设 1 处综合处理点的标准，收集农作物秸秆和农膜、农药包装袋（药瓶）等农业废弃物，建设 19 处收集点和 1 处综合处理点（济南伟农农业技术开发有限公司）。

为了保障农作物秸秆等有机物沤制池和农膜、农药包装袋（药瓶）等化学废弃物收集点的长效利用，雇用专人专门负责示范区内秸秆、废弃物等的收集，保持示范区内环境清洁，研究探索如何进行物业管理的收费模式以及收费定价等相关措施，逐步探索承包式物业化管理模式。

（4）土壤修复工程

通过设施土壤盐渍化修复、土传病害防治等试点开展土壤修复工程。设立 3 处污染土壤修复试点，推广减缓土壤盐渍化技术、秸秆还田技术；推广土壤调理技术，加速土壤中农药等化学物质的降解。推广石灰氮消毒、高温闷棚消毒、土壤蒸汽消毒等设施菜地土壤消毒技术，设立土传病害防治试点 4 处。

（5）发展循环农业

通过“三沼”、太阳能等综合利用，积极推广生态农业模式（技术），推动循环农业发展。

第二节　模式构建的保障措施

1. 加强领导，明确责任

市农业局组建全市农业面源污染综合防治项目建设推进领导办公室，办公室设在市土肥站，协调推进项目的实施工作。市农业局有关处（室）站，长清区农业局、农机局、蔬菜中心等组建项目技术组，长清区农业局负责项目的组织实施。

农业面源污染整治工作领导小组统筹治理监督、协调工作。区农业面源污染整治工作领导小组办公室负责整治计划和整治相关政策的制订和落实，做好统筹协调、督促检查和组织验收。

2. 加强科技支撑

加强与农业科研院所的联系合作，积极开展科研攻关，加快农业面源污染综合防治技术研究和规范制定，为农业面源污染防治工作提供有力的技术支撑。项目建设技术指导组，负责相关项目技术支持工作，针对示范区建设开展面源污染防治的技术咨询与服务。

强化农科教结合，加大科技创新力度，推进农林牧渔融合协调，加强一二三产业相互支撑，促进农耕农艺农机技术结合、新品种新技术新模式协调、良种良法良制配套。强化技术培训，推广应用规范、成熟的生态农业模式及其技术，推广科学施肥、农作物病虫害绿色防控等技术，控制和减少农药、化肥施用量，推进农作物秸秆等农业废弃资源的综合利用。

3. 强化资金保障

示范区建设实行先建后补或以奖代补，建成后经市、区两级农业主管部门验收合格后拨付补贴资金。面源污染建设资金，做到专款专用，确保工作顺利推进。加强统筹，加大项目整合力度，积极争取省以上相关项目资金并进行优化整合；广泛动员社会力量积极投入，保证示范区建设工作顺利进行。

4. 健全工作体系

建立健全农业生态环境管理和技术服务体系，重点加强县级农业生态环境保护工作机构建设，充实人员队伍，提高装备水平，强化业务培训，提高队伍素质，加强基础设施建设，提高服务能力和水平。

5. 完善服务，确保长效

完善污染后续管理服务机制。加强后续管理服务，探索完善后续服务运作模式，确保已治理实现污染零排放。

6. 积极宣传引导，营造工作氛围

充分利用各种媒体，广泛宣传农业生态环境保护工作重要性，采取农民易于接受的形式，传播各种典型模式和先进经验，营造有利于农业生态保护和建设的良好社会氛围，发动群众参与农业生态环境建设。重点利用广播、电视、网络等现代媒体与技术，结合宣传卡片、村务公开栏、科技入户等形式，加大对广大技术人员、农民示范户的宣传和教育力度，提高种植户的环境保护意识，增强对防治工作的配合支持热情。

7. 强化职责落实

层层建立工作责任制，把工作落到实处。各有关部门要各司其职，加强协作，形成合力，负责落实好职责范围内的各项工作。开展定期巡查，必要时，应联合组织开展整治农业面源污染的专项行动。

第六章　存在的问题与展望

第一节　存在问题

1. 面源污染防控技术的研究与应用缺乏系统性

面源污染防治是一项很大的系统工程，不是短期见效的项目。在农业面源污染防治方面，济南市列专项财政资金，进行综合防治，在全国是属于启动较早行动较快的，缺乏成功的经验来借鉴，到外地学习，也是碎片化的防治措施，没有系统的成功经验可循，只能边试验边探索，边总结边推广，因此，难免存有许多有待完善和改进的地方，在具体项目及实施地点的确定上，往往需要不断调整和修正。

2. 短期经济效益不明显，辐射带动能力不强

受建设资金的范围限制，各项建设任务只能在 4 万亩示范区内选择建设主体，尽管各项技术的应用得到了很好环境效益，但由于其效果的体现需要前期的一定投入，而这不能短期内产生相同的经济回报，农业污染的危害在前期不严重时看不见摸不着，农民就不会考虑这样的治理技术，这样示范区的辐射带动作用大受影响。

尽管国家和省级以及地方政府已经很重视农业面源污染的防控，但由于缺乏相应的奖惩制度，种植户及合作社对于农业面源污染的治理技术接受程度还比较差，并未从思想上认识到减少农业面源污染可以提高其商品的经济价值，还不能从农业的可持续发展上接受农业面源污染防控是利国利民、利在当代、功在后世的事情。

3. 缺乏科学的技术支持体系

在本项目的实施过程中，欠缺对各种技术模式的原始跟踪。全程跟踪可以让

第三方评价单位获得全面的技术监测指标，能够给出最客观科学的效果评价，在评估技术的可行性、可移植程度以及可接纳程度等方面给予有力的支持，便于农业面源污染防控技术的推广与应用，有利于帮助决策者决定是否采纳。

第二节　展望

控制农业面源污染，我们须建立健全农业面源污染控制五大体系：一是建立健全农业面源污染控制法律法规体系，有法可依，依法行政；二是建立健全农业面源污染监测评估体系，有章可循，科学评价；三是建立健全农业面源污染管理体系，有人专管，真抓实干；四是建立健全农业面源污染控制技术支撑体系，有技术可用，创新技术；五是建立健全农业面源污染资金保障体系，有钱可投，保证工作开展。

1. 注重突出重点，解决主要问题

目前，济南市农业面源污染综合防治工作已在长清和济阳进行了多年的建设工作，已形成了成熟的经验，但在推广应用时根据不同地区主要存在的污染问题，针对性要强。

建议在今后其他地区，应结合当地特色，因地制宜，在原有可移植技术模式的同时，针对当地存在的主要问题对技术模式进行改进、升级，或是要创新，研发适合当地的新的技术模式。

济南市南部山区水源地是关系到全济南用水安全和身体健康地敏感区域。随着旅游业以及种植、畜牧业等的发展，其生态环境破坏也较严重，绿化覆盖率仅有40%左右，水质监测局部地下水出现污染，人类活动产生的垃圾、生活废水以及农业生产产生的径流和淋溶水也易随雨水冲洗作用进入河流、湖泊甚至地下水，极大地影响了济南南部山区水源地的生态安全。建议应把济南南部山区水源地的农业面源污染防治工作，做为今后的工作重点之一。

2. 政府引导实施

农业面源污染防治是一项社会性、公益性事业，需要更多政府主导，尽管目前农业面源污染防治工作社会关注度很高，但由于短期内直接效益不明显，因此，群众参与积极性和参与度不高。

第一，需要政府有所引导，遵循先易后难的原则，分地域确定防治重点，逐

步实施。首先明确存在污染重、接受程度高的地域作为首选重点支持区域，做好做实工作，实现其辐射带动作用。

第二，把环境整治纳入政府部门考核，公益性的工作需要当地政府管起来，列入了考核指标，把清洁生产与提高农产品质量、提高示范区区域美誉度结合起来，作为推进清洁生产的方式和主抓方向。

要想技术真正落地，发挥作用，以后的示范区建设以乡镇为单位，实行整建制，自上而下以及由下而上，容易贯彻落实，同时，也利于分清职责。

目前，农业面源污染的防治技术已经有很多，但存在技术模式单一、集成度不高、可移植性差等缺点，同时也存在着农民接受程度差，难推广的问题。技术实施以新型的经营主体为主，接受程度高，有利于防治技术的落地应用。

3. 发挥新型经营主体的主力军作用

传统农户由于一家一户的规模较少，农业面源污染防治技术的应用对于提高其经济收益帮助较少，农民不愿接受，造成技术的难推广。

目前，新型农业经营主体主要包括专业大户、家庭农场、农民合作社、农业产业化龙头企业等。新型农业经营主体一般都拥有大量的农田、先进的机械以及比农民超前的科技接受能力，有利于防治技术的落地应用。与这些新型农业经营主体结合应用农业面源污染防治技术，可以使其经济效益得以很好的体现，同时，大大降低其生产成本，经济和环境效益的效果体现明显。

4. 建立完善的济南市农业面源污染防治的评价平台

要逐步建立考核指标，完善评价体系，包括领导的重视程度与否、是否成立专门组织、出台相应的考核评价办法，规定具体的考核指标包括化肥、农药的零增长以及肥料和农药的减量奖惩办法等。

在实施防治技术地区，建立一套可量化的考核机制，同时，在考核等级不同的基础上实行奖惩制度，与当地各部门的其他考核内容并列，防治技术实施的好与坏，最终考核是否合格，都与相关人员的切身利益挂钩，真正把其积极性和主动性调动起来，只有相关人员思想上重视起来，才能把面源污染防治工作推向深入。

第七章　附件

附件 1　济农农字〔2014〕17 号和济农农字〔2014〕26 号文件

1.《济南市农业局关于加强济南市农业面源污染综合防治示范区建设的意见》(济农农字〔2014〕17 号)

济南市农业局文件

济农农字〔2014〕17 号

济南市农业局
关于加强济南市农业面源污染综合防治示范区建设的意见

为进一步加强济南市农业面源污染防治，推行农业清洁生产，推进农业可持续发展，根据国家和省里相关要求，结合济南实际，现就推进今年我市农业面源污染综合防治示范区建设，制定如下实施意见。

一、总体思路

按照“资源化、减量化、生态化”的发展理念，以实现清洁生产、建设美丽田园为目标，以减肥、控药、洁田、修复、循环为主线，积极开展农业面源污染综合防治技术示范推广与机制研究，探索和建立适合济南实际的农业面源污染综合防治技术和管理模式，为全市农业面源污染防治提供技术指导和示范经验。

二、目标任务

到2018年，全市农田生态环境得到明显改善，主要农作物测土配方施肥实现全覆盖，病虫害统防统治率达到50%，化肥、农药施用量比2013年分别下降20%和15%，农作物秸秆综合利用率达到97%，农田残膜收集处理率达80%，规模化畜禽养殖粪污无害化处理率达到100%，生态循环农业推广面积达30万亩以上。

2014年在长清区平安街道办事处境内，建设一处占地3万亩的济南市农业面源污染综合防治示范区。示范区东临国道220线，西靠黄河，北临济西湿地，南到平安、文昌街道界，涉及18个自然村。示范区内南水北调工程贯穿而过，有首农集团蔬菜基地、云溪农业庄园、环球医药育苗基地等现代农业园区，设施农业、园艺作物、圆葱基地面积1万余亩，粮食作物2万余亩。示范区建设将从生产环境和生产过程入手，通过农业面源污染综合防治项目建设，基本形成示范区内不同生产模式下农业面源污染综合防治技术和管理模式，农业面源污染得到有效控制，农田生态环境得到明显改善。

充分发挥示范区引领作用，以全市粮食生产功能区和现代农业示范区为主平台，在全市其他农业县（市）区有序开展农业面源污染防治试点。

三、重点工作

（一）减少化肥用量

一是实现测土配方施肥全覆盖。在大田作物测土配方施肥的基础上，加大土样采集密度（采样单元为100亩），提高土样化验的准确率，科学确定配方，开展园艺作物、设施作物、圆葱、中药材等附加值高的经济作物的个性化服务“营养套餐”，随时按需、按方培肥，确保配方肥下地。

二是开展节水节肥示范工程。水肥一体化是实现水肥同步管理和高效利用的节水农业技术。在示范区建设以设施农业、中药材为主的水肥一体化示范，实现不同作物、不同模式的水肥一体化技术集成展示，促进水肥一体化技术的示范推广。

三是启动生物有机肥补贴。对列入目录的商品生物有机肥、微生物菌种等投入品，纳入补贴范围。通过公开招标确定补贴品种的价格、数量和供应企业，入围的补贴品种按供价分别按照30%的上限给予补贴。享受补贴的对象为规模化经营的涉农企业、农业合作组织、农业园区（基地）、家庭农场、种粮大户等新型农业经营主体。

四是实施耕地质量提升计划。通过增施商品有机肥、生物有机肥，推广秸秆直接还田、过腹还田，秸秆生物反应堆等技术，强化深耕深松作业等措施来增加土壤中有机质的含量。结合测土配方施肥技术，采用因缺补缺，使用配方肥等措施，有效改变土壤中有效磷、速效钾分布不均匀的情况。

（二）控制农药用量

一是建立农业病虫害监测基点。及时掌握病虫害发生情况，科学合理应用农业、物理、生物及高效、低毒、低残留化学农药。在示范区内建设农业病虫害监测基点一处，配备太阳能全自动虫情测报灯、太阳能杀虫灯、微机、数码相机、显微镜、田间小气候观测仪、病虫远程诊断系统、调查工具等相关仪器设备。

二是实行农业病虫害专业化统防统治。示范区内组建二支专业化防治队伍，配备自走式喷杆喷雾机、静电电动喷雾器、烟雾机、土壤消毒机等药械，实现病虫害专业化统防统治。探索设施农业专业化统防统治的有效模式。

三是建立农业病虫害防治新型农药补贴制度。为保证农产品质量安全，对列入目录的生物制剂和高效、低毒、低残留化学农药和新型剂型等新型农药，按照50%的上限给予补贴。

（三）清洁田园建设

一是建设农作物秸秆等有机物沤制池。按照设施农业每300亩建设1处300m^{3}的有机物沤制池的建设标准，在示范区内计划建设10处。

二是建设农膜、农药包装袋（药瓶）等化学废弃物收集点（综合处理点）。按照2 000亩建设1处化学废弃物收集点和3万亩建设1处综合处理点的标准，在示范区内建设8处收集点和1处综合处理点。

三是积极探索农作物秸秆等有机物沤制池和农膜、农药包装袋（药瓶）等化学废弃物收集点（综合处理点）的物业化管理模式。

（四）土壤修复工程

一是开展设施土壤盐渍化修复试点。推广减缓土壤盐渍化技术，通过填闲作物，减少硝酸盐含量技术及秸秆还田技术等，增加土壤矿质元素、有机质含量。推广土壤调理技术，加速土壤中农药、硝酸盐等化学物质的降解、土壤盐分浓度降低等新技术的引进及开发利用。

二是开展土传病害防治试点。积极推广石灰氮消毒、高温闷棚消毒、冬季冻棚消毒、土壤蒸汽消毒等设施菜地土壤消毒技术。主要在示范区和设施农业集中生产区试点推行，土壤盐渍化修复试点和土传病害防治试点共设置5处。

（五）发展循环农业

推动现代农业园区“三沼”（沼气、沼液、沼渣）循环农业示范园区建设。在示范区内园区和大棚基地积极推广“畜沼果（菜、鱼）”“一棚一池”等生态循环农业模式，实现“养殖-沼气-种植”的良性循环。提升示范区内现有沼气池的建设、使用水平，充分发挥循环农业模式的作用。

（六）全面推行农业标准化生产

示范区打造成农产品标准化生产示范基地，实施从生产到销售全程跟踪记录管理，建立健全质量可追溯制。充分利用各种媒介，做好农业标准宣传和培训，将农业标准化生产与农产品质量安全的宣传紧密结合起来，全面提高对农业标准化生产的认识。强化农业投入品和农产品质量监管，逐步实行准入和准出制度。

（七）做好区域规划，搞好环境整治

对示范区内各功能区统一布局规划、统一物联网建设、统一标牌制作。在示范区出入口、重点地段制作立柱式宣传牌3~4个，在周边张贴各种形式的宣传标语100处，印发各类宣传资料1万份。搞好示范区的环境治理，使乡村美丽、村容整洁、道路洁净、布局有序，提高示范带动能力。

四、保障措施

（一）组织保障

市农业局组建农业面源污染综合防治项目建设推进领导小组，负责农业面源污染综合防治工作的组织、管理、协调和督导。督促各县（市）区农业局组建农业面源污染综合防治项目工作组，具体负责相关项目实施工作。加大农业面源污染治理工作的宣传和教育，不断提高农民参与面源污染防治的自觉性、主动性。

（二）技术保障

充分发挥各级农业科技人员的作用，加强与各类农业科研院所的联系合作，积极开展科研攻关，加快农业面源污染综合防治技术研究和规范制定，大力推广生物及物理防治、可降解农膜等新技术和新成果，为农业面源污染防治工作提供

有力的技术支撑。针对示范区建设，组建相应技术指导组，负责示范区的技术咨询与服务。

（三）资金保障

积极争取省以上相关项目资金并进行优化整合，管好用好农业面源污染治理专项资金，确保发挥最大效益。加大农村沼气、秸秆综合利用、测土配方施肥、统防统治等项目的资金整合力度，共同做好农业面源污染防治工作。广泛动员社会力量积极投入，引导示范区群众自力更生，保证示范区建设工作顺利进行。

济南市农业局

2014 年 6 月 19 日

2.《2014 年济南市农业面源污染综合防治示范区建设实施方案》（济农农字〔2014〕26 号）

2014 年济南市农业面源污染综合防治示范区建设实施方案

为贯彻落实《关于加强济南市农业面源污染综合防治示范区建设的意见》，进一步推动济南市农业面源污染防治工作，推行农业清洁生产，现就推进今年济南市农业面源污染综合防治示范区建设，制定实施方案如下。

一、指导思想

按照“资源化、减量化、生态化”的发展理念，以实现清洁生产、建设美丽田园为目标，以减肥、控药、洁田、修复、循环为主线，以集成组装配套技术为手段，积极开展农业面源污染综合防治技术示范推广与机制研究，探索和建立适合济南实际的农业面源污染综合防治技术和管理模式，为全市农业面源污染防治，提供技术指导和示范经验。

二、建设内容及责任分工

（一）减少化肥用量

通过实施测土配方施肥、开展节水节肥示范、启动生物有机肥补贴等综合措施来减少化肥使用量10%以上。

一是实现测土配方施肥全覆盖。示范区内加大土样采集密度（设施农业采样单元为100亩），提高土样化验的准确率，科学确定配方，开展园艺作物、设施作物、中药材等附加值高的经济作物的个性化服务“营养套餐”，随时按需、按方配肥。建立“前店后网”模式的“兴农之家”一处，配备一台小型智能配肥机（牵头单位：市土肥站、市农技站；配合单位：长清区土肥站、长清区农技站）。

二是开展节水节肥示范工程。建设以首农集团、云溪庄园、泓瑞农场等为主的设施农业水肥一体化示范区1 000亩，实现不同作物、不同模式的水肥一体化技术集成展示（牵头单位：市农业局园区管理处；配合单位：市土肥站、长清区蔬菜中心、长清区土肥站）。

三是启动生物有机肥补贴。对列入目录的商品生物有机肥、微生物菌种等投入品纳入补贴范围。入围的补贴品种按供价分别给予上限30%的补贴。享受补贴的对象为示范区内规模化经营的涉农企业、农业合作组织、农业园区（基地）、家庭农场、种粮大户等新型农业经营主体（牵头单位：市土肥站；配合单位：长清区土肥站、平安街道办事处）。

四是实施耕地质量提升计划。推广秸秆直接还田、过腹还田，秸秆生物反应堆等生态农业技术，强化深耕深松作业等措施，安排大田深耕深松作业1万亩，不断提高土壤有机质含量（牵头单位：市农业局农机办；配合单位：长清区农机局）。

（二）控制农药用量

通过建立病虫害监测基点，实行病虫害专业化统防统治、新型农药补贴等控制农药用量的综合措施，使农药施用量下降5%以上。

一是建立农业病虫害监测基点。在云溪庄园建设农业病虫害监测基点一处，配备太阳能全自动虫情测报灯、太阳能杀虫灯、微机、数码相机、显微镜、田间小气候观测仪、病虫远程诊断系统、调查工具等相关仪器设备（牵头单位：市植保站；配合单位：长清区植保站）。

二是实行农业病虫害专业化统防统治。依托天润园合作社组建一支大田农作物专业化防治队伍，配备自走式喷杆喷雾机、静电电动喷雾器、烟雾机、土壤消毒机等药械，实现病虫害专业化统防统治区域全覆盖。依托首农集团建设一支设施农业专业化防治队伍，探索设施农业专业化统防统治的有效模式（牵头单位：

市植保站；配合单位：长清区植保站）。

三是建立农业病虫害防治新型农药补贴制度。对新型农业经营主体使用新型农药予以补贴。补贴范围为列入目录的生物制剂（奥绿 1 号、苦参碱、BT 制剂）和高效、低毒、低残留化学农药（吡蚜酮）和新型剂型等新型农药，按照 50% 的上限给予补贴（牵头单位：市植保站；配合单位：长清区植保站）。

四是建立生物防治示范区。依托首农集团建立 500 亩的以生物防治技术为主的设施蔬菜绿色防控技术示范区，集中应用国内外相对成熟先进的设施农业病虫害生物防治新技术、新产品及新设备，发挥支撑、引领和示范作用，带动设施农业生物防治技术的推广与应用，服务现代都市农业发展（牵头单位：市植保站；配合单位：长清区植保站）。

（三）清洁田园建设

通过清除田间地头农业生产废弃物推进清洁田园建设。

一是建设农作物秸秆等有机物沤制池。按照设施农业每 300 亩建设 1 处 300m^3 的有机物沤制池的建设标准，在示范区内首农集团、云溪庄园、弘瑞农场建设 3 处有机物沤制池（牵头单位：市土肥站；配合单位：长清区环保站）。

二是建设农膜、农药包装袋（药瓶）等化学废弃物收集点（综合处理点）。按照2 000亩建设 1 处化学废弃物收集点和 3 万亩建设 1 处综合处理点的标准，在示范区内以重点村（后王村、丁店村、老马店村）、园区（首农集团、弘瑞农场、云溪庄园、颐善中药、天润园）为单位建设 8 处收集点和 1 处综合处理点（牵头单位：市土肥站；配合单位：长清区环保站、平安街道办事处）。

三是积极探索农作物秸秆等有机物沤制池和农膜、农药包装袋（药瓶）等化学废弃物收集点（综合处理点）的物业化管理模式（牵头单位：长清区平安街道办事处）。

（四）土壤修复工程

通过设施土壤盐渍化修复、土传病害防治等试点开展土壤修复工程。

一是开展污染土壤修复及污水治理试点。在云溪庄园、颐善中药等地设立 2 处污染土壤修复试点，推广减缓土壤盐渍化技术、秸秆还田技术；推广土壤调理技术，加速土壤中农药、硝酸盐等化学物质的降解。在首农高集团北设立生活污水好氧生物处理试验点一处，利用微生物菌种分解、消耗吸收污水中的有机物、氮和磷（牵头单位：市土肥站；配合单位：长清区环保站）。

二是开展土传病害防治试点。在泓瑞农场、天润园等园区推广石灰氮消毒、高温闷棚消毒、土壤蒸汽消毒等设施菜地土壤消毒技术，设立土传病害防治试点3处（牵头单位：市土肥站；配合单位：长清区环保站）。

（五）发展循环农业

通过“三沼”、太阳能等综合利用，积极推广生态农业模式（技术），推动循环农业发展。

推动现代农业园区（沼气、沼液、沼渣）循环农业示范园区建设；在示范区内园区和大棚基地积极推广“畜沼果（菜、鱼）”“一棚一池”等生态循环农业模式，实现“养殖-沼气-种植”的良性循环；配套太阳能杀虫灯100盏（牵头单位：市农业局生态处；配合单位：市土肥站、长清区农办）。

（六）智能管理平台建设

通过信息化建设，实现示范区内现代化、智能化管理。

在弘瑞农场、首农集团设立视频监控、病虫害测报监测和作物生长环境参数数据采集点10~15处，通过视频链接，实现病虫害防治远程诊断和作物生长环境参数监控。建立区域智能化管理平台一处，集中数据处理、通讯、信息查询、预防预警等功能于一体，实现“高效、节能、安全、环保”的管、控、营一体化服务（牵头单位：市农业信息中心；配合单位：市土肥站、市农技站、长清区农业局、长清区蔬菜中心）。

（七）做好区域规划，搞好环境整治

对示范区内各功能区统一布局规划、统一标牌制作。在220国道、南水北调工程、济西湿地南邻等示范区出入口、重点地段制作大中型宣传牌3~4个，在示范区内承担示范任务的园区（基地）设立中型标志牌4~5个，在示范区村落周边、道路两侧等明显外张贴、印刷各种形式的宣传标语、条幅等100处，印发各类宣传资料1万份。搞好示范区内环境治理，使乡村美丽、村容整洁、道路洁净、布局有序（牵头单位：长清区农业局、平安街道办事处）。

（八）加强统筹，搞好项目整合

在不改变资金性质和用途的前提下，把投向相近、目标基本一致的各项财政支农资金进行整合，统筹安排，集中优势力量开展农业面源污染治理。

一是结合“六个30”的新型农业经营主体建设。对示范区内以蔬菜和中药材产业为主的园区（基地），优先列入农业示范园区、生态循环农业示范园区和蔬菜标准园建设；对现有农民专业合作社和示范性家庭农场优先列入重点打造范

围（牵头单位：市农业局种植业管理处、生态处、园区管理处、经管处）。

二是结合科技推广与培训。优先安排示范区内的农业科技创新项目、双推项目；开展以“农业面源污染”为主题的专项培训，加大对种植大户、科技示范户和农民辅导员的科技培训力度和科技培训范围，加大对示范区内农民群众的创卫教育，全年培训300人次以上（牵头单位：市农业局科技处；配合单位：市农广校、长清区农业局、长清区蔬菜中心、长清区农办、长清区农机局）。

三是结合农产品质量监管。示范区内大力推行标准化生产，加大农业投入品质量抽检和农资打假专项治理及质量安全监测与培训力度；加大示范内农业投入品的监管，对农资经营店实行备案管理；定期开展农业投入品、农产品的抽查活动；优先对示范区内的农产品开展“三品一标”认证和扶持（牵头单位：市农业局质检处；配合单位：市农业监察支队、市农产品检测中心、长清区农业局）。

四是结合长清区2万亩粮食高产创建项目。大力推行深耕深松、配方施肥、秸秆还田、一防双减等技术，实现良种良法配套、农机农艺结合（牵头单位：市农业局种植业管理处、农机办，市土肥站、市植保站、市农技站；配合单位：长清区农业局）。

三、实施步骤

（一）动员启动阶段

2014年2—6月，摸清示范区内各项各项生产实情、明确目标任务、落实责任单位，发动基层和群众积极参与农业面源污染防治。

（二）整体推进阶段

2014年7—12月，各有关部门、单位按照本方案要求，制定具体工作计划和措施，全面开展农业面源污染工作。

四、保障措施

（一）强化组织领导

市农业局组建全市农业面源污染综合防治项目建设推进领导办公室，办公室设在市土肥站。市农业局有关处（室）站，长清区农业局、农机局、蔬菜中心等组建项目技术组，具体负责相关项目的实施工作，市土肥站负责日常工作。

（二）强化技术支撑

加强与农业科研院所的联系合作，积极开展科研攻关，加快农业面源污染综合防治技术研究和规范制定，为农业面源污染防治工作提供有力的技术支撑。项目建设技术指导组，具体负责相关项目实施和技术支持工作，针对示范区建设开展面源污染防治的技术咨询与服务。

(三) 强化资金保障

示范区建设实行先建后补，建成后经市、区两级农业主管部门验收合格后拨付补贴资金。面源污染建设资金，做到专款专用，确保工作顺利推进。加强统筹，加大项目整合力度，积极争取省以上相关项目资金并进行优化整合；广泛动员社会力量积极投入，保证示范区建设工作顺利进行。

(四) 强化职责落实

层层建立工作责任制，把工作落到实处。各有关业务部门负责落实好职责范围内的各项工作。各有关部门要各司其职，加强协作，形成合力。开展定期巡查，必要时，应联合组织开展整治农业面源污染的专项行动。

附件 2 《山东省耕地质量提升规划（2014—2020 年）》

山东省耕地质量提升规划
（2014—2020 年）

耕地是指种植农作物的土地。耕地质量提升是指通过规范化、标准化使用化学投入品，无害化处理、资源化利用农业废弃物，不断增强耕地可持续生产能力，提高资源利用率和劳动生产率的过程。农业是国民经济的基础，耕地是农业生产的基础。加快推进耕地质量提升，对保障山东省粮食生产安全、农产品质量安全和农业生态环境安全具有长远的战略意义，对促进农业持续增产、农民持续增收、农村环境持续改善具有重要的现实意义。

为进一步提升山东省耕地质量，使其尽快达到并超过全国平均水平，根据《国家粮食安全中长期规划纲要（2008—2020 年）》《山东省农业农村经济发展“十二五”规划》和《山东省千亿斤粮食生产能力建设规划（2009—2020 年）》有关要求，结合山东省耕地质量实际，编制本规划，规划基准年为 2013 年，规划水平年为 2015 年和 2020 年。

一、存在的主要问题

山东省土地总面积 15.79 万 km^2（折合 2.37 亿亩）。山地丘陵占全省总面积的 34.9%，平原盆地占 64%，河流湖泊占 1.1%。全省现有耕地 1.14 亿亩，占全省土地总面积的 48.3%，人均 1.17 亩。高产田 4 445.37万亩，占全省耕地总面积 39%；中产田 4 362.20万亩，占全省耕地总面积 38.2%；低产田 2 592.43万亩，占全省耕地总面积 22.8%。近年来，山东省在发展生态农业、提升耕地质量方面做了一些有益探索，取得一定成效，但由于相关法律法规体系不健全、财政资金投入缺口较大、科技集成创新能力相对薄弱和农业规模化集约化经营水平比较低等原因，还存在许多亟待解决的问题。主要表现如下。

（一）化肥过量施用问题

全省年折纯化肥施用量达 472.7 万 t，占全国化肥施用量的 8%，氮肥利用率为 30%左右，仅为发达国家水平的 1/2。播亩平均化肥用量 27.2kg，比全国平均用量高 6kg，比世界平均用量高 19.2kg。超量化肥投入，造成山东省土壤酸化、次生盐渍化加重。近年来，山东省土壤酸化速度加快，胶东地区尤为突出，pH 值小于 5.5 的酸化土壤面积已达 980 多万亩。全省1 300万亩设施菜地中，有 260 万亩发生次生盐渍化。土壤酸化造成土壤养分比例失调，作物发病率升高，农产品品质下降。pH 值低于 4.5 的地块，一般可造成作物减产 30%以上。设施菜地种植 4 年后，土壤盐渍化现象逐年加重，严重影响作物产量和质量。

（二）农药残留污染问题

全省化学农药年使用总量一般在 16 万 t 左右，农药利用率不到 30%，比发达国家低 20 个百分点以上，其中，大部分农药残留消解在土壤、水等环境介质中。农药残留污染不但对有益生物特别是微生物造成伤害，破坏生态平衡，导致土传病害加重，耕地生产能力下降，而且，造成农产品农药残留超标，影响农产品质量安全，危及公众身体健康。

（三）地膜残留污染问题

山东省地膜用量近 10 年来趋于平稳，基本保持在 14 万 t 左右，覆盖面积 3 600多万亩。由于地膜厚度小、易破损，基本不回收。残留地膜可在土壤中存留 200~400 年，长期使用地膜覆盖的农田中，地膜残留量一般在每亩 4kg 以上，最高已达 11kg。残留地膜不仅破坏土壤结构，降低透气性、透水性，而且影响作物出苗，阻碍根系生长，可导致农作物减产 10%以上。

（四）秸秆未有效利用问题

2013年全省农作物秸秆总量达到8 650万t，其中，7 000万t得到综合利用，占秸秆总量的81%。全省常年秸秆还田面积8 000万亩以上，部分地区因秸秆还田技术和配套措施不到位，连年直接还田后，对农作物生长造成一定不利影响：一是秸秆粉碎程度不够，影响作物出苗和对养分的吸收；二是还田秸秆过多，造成碳氮比失调，土壤肥力相对下降；三是携带病虫害的秸秆未经处理直接还田，造成来年病虫害加重。

（五）畜禽粪便污染问题

2013年，全省年畜禽粪便产生量1.89亿t、尿液9 436万t以上，每公顷耕地粪尿负荷达到37.7t，比全国平均水平高13t以上，有15个设区市耕地粪尿负荷超过了欧洲每公顷30t的限量值。目前，全省畜禽粪便无害化处理率不足40%，大量未经处理的畜禽粪便直接排入农田，不仅会造成耕地污染，还会引发动物疫病传播和人畜共患疾病的发生。

（六）重金属污染问题

随着山东省经济发展和城镇化程度的提高，在工矿企业周边、污水灌区及大中城市郊区等重点区域的农田受到持续污染，对农产品质量安全造成了严重威胁。同时，由于农药和畜禽粪便等农业投入品的过量使用，导致重金属污染来源广泛，源头控制难度加大。重金属污染不仅可以造成作物减产和农产品品质下降，甚至还会通过食物链对人体健康和生命安全造成直接危害。

二、指导思想、基本原则和发展目标

（一）指导思想

山东省耕地质量提升工作要以农业持续增产、农民持续增收、农村环境持续改善为目标，针对当前影响山东省耕地质量的地力退化、农药残留污染、地膜残留污染、秸秆未有效利用、畜禽粪便污染、重金属污染六大问题，重点组织实施土壤改良修复、农药残留治理、地膜污染防治、秸秆综合利用、畜禽粪便治理、重金属污染修复6项工程，着力推广应用水肥一体化、农药减量控害、降解地膜推广、秸秆生物反应堆、养殖场沼气建设、重金属化学钝化等一系列新技术、新模式，加强政策引导，强化技术创新，增加资金投入，积极构建科学合理的耕地质量提升长效机制，努力实现耕地生产能力的持续增强。

（二）基本原则

一是统筹规划，分步实施。针对影响耕地质量的突出问题，统筹耕地质量提升与农业产业发展，统筹耕地面积与畜禽养殖规模，统筹农产品产地土壤污染防治与农产品质量安全，科学设立建设内容，合理规划区域布局，试点先行、协同推进，分期分批、循序实施。

二是因地制宜，突出重点。根据全省各地耕地资源条件、相关产业发展状况、主要问题形成原因、优势农产品生产潜力等，明确耕地质量提升的重点区域、重点问题、关键环节、相关技术和提升目标，采取试点示范、辐射带动、全面推进的方式，加快耕地质量提升步伐。

三是以防为主，防治结合。按照源头控制、过程监管、末端治理的思路，综合运用法律、经济、技术和必要的行政手段，加强农业投入品质量监控，规范使用技术、使用范围、使用标准，集成推广经济适用、科学有效的新技术、新成果、新模式。

四是政府引导，公众参与。耕地质量提升是一项十分复杂的系统工程，直接经济效益低，社会生态效益高。必须充分发挥服务型政府的引导作用，强化舆论导向，尊重公众的知情权和参与权，努力构建政府引导、企业和新型农业经营主体及广大农民广泛参与的耕地质量提升长效机制。

（三）发展目标

一是到 2015 年，农业投入品减量化使用，农业废弃物无害化处理初见成效，农产品质量明显提高。具体实现以下目标。

全省化肥利用率提高 4 个百分点以上，土壤酸化和设施菜地土壤退化趋势得到有效遏制，pH 值小于 5. 5 的酸化土壤面积和设施菜地退化土壤面积减少 10%。

正常年份下，全省农药利用率提高 5 个百分点以上，用药量减少 10%以上。

全省可控降解地膜推广使用量占总使用量的 3%以上，不可降解标准地膜回收率达到 80%以上。

全省秸秆综合利用率达到 85%以上。

全省规模化畜禽养殖场区配套建设废弃物处理设施比例达到 85%以上，粪便无害化处理、资源化利用率达到 72%以上。

全省污染修复区土壤重金属有效态含量降低 30%，农产品重金属含量达标。

二是到 2020 年，农业投入品基本实现标准化、规范化使用，农业废弃物基本实现无害化处理、资源化利用，农产品基本达到无公害标准，严重影响耕地质量提升的突出问题得到基本解决。具体实现以下目标。

全省化肥利用率提高 10 个百分点以上，土壤酸化和设施菜地土壤退化趋势得到有效改观，pH 值小于 5.5 的酸化土壤面积和设施菜地退化土壤面积减少 80%以上。

正常年份下，全省农药利用率提高到 40%以上，用药量减少 30%以上。全省可控降解地膜推广使用量占总使用量的 30%以上，不可降解标准地膜回收率达到 90%以上。

全省秸秆综合利用率达到 90%以上，秸秆精细还田、堆沤还田面积占还田总面积的 95%以上。

全省基本实现种养平衡，规模化畜禽养殖场区配套建设废弃物处理设施比例达到 100%，粪便无害化处理、资源化利用率达到 95%以上。

全省污染修复区土壤中重金属有效态含量降低 60%，农产品质量安全得到有效保障。

三、主要建设内容

2014—2020 年，分别不同区域、针对不同问题，主要实施以下 6 项工程。

（一）土壤改良修复工程

以治理土壤酸化和次生盐渍化为重点，加快推广应用功能性有机肥、水肥一体化配套设备、矿物源土壤调理剂，大力推广果园生草技术。在土壤酸化程度比较严重的胶东地区，施用土壤调理剂，中和酸性土壤，改善土壤理化性状；在果园中种植绿肥植物，增加土壤有机质含量，调理土壤酸碱度。在设施蔬菜栽培集中区域，重点推广水肥一体化技术，通过配套建设微滴灌设施，将施肥和灌溉同步进行、一体化管理；进一步加大微生物和有机肥推广力度，有效减少化肥施用量。

（二）农药残留治理工程

以治理现存残留、控制新增污染为重点，集成推广农药残留微生物治理、农药减量使用、病虫害物理防治和生物防治技术。在农药残留比较严重的耕地中，施用能够降解农药残留的微生物制剂，缩短农药降解周期。在农药用量大的农作物重点种植区，推广应用高效施药器械和药效提升助剂，设置杀虫灯、黏虫板等物理防虫设备，应用性诱剂、天敌、生物农药等生物防治技术，提高综合防治效果，有效减少化学农药用量。

（三）地膜污染防治工程

以消除地膜残留污染为重点，建立健全地膜回收加工利用体系，积极推广应用氧化生物双降解生态地膜。一是立足山东省在氧化生物双降解地膜研发生产上的技术优势，大力推广双降解生态地膜栽培技术，充分利用双降解地膜在自然环境条件下降解完全、定时可控和生态无害的特点，实现地膜栽培的清洁生产，消除“白色污染”。二是建设废旧地膜回收站，合理规划布局，配套相关设备，制定优惠政策，鼓励农民捡拾回收地膜，采取差价补贴的方式，换取新的标准地膜或可控降解地膜。

（四）秸秆综合利用工程

以秸秆肥料化、饲料化、燃料化、基料化利用为重点，配套建设秸秆收贮体系。秸秆肥料化利用，主要是推广应用秸秆精细还田、腐熟还田、秸秆生物反应堆和秸秆生产有机肥技术；秸秆饲料化利用，主要是推广应用秸秆青贮微贮氨化等技术；秸秆燃料化利用，主要是推广应用秸秆热解气化、生物气化和秸秆生物质炉技术；秸秆基料化利用，主要是推广应用秸秆养殖食用菌和医用饲用昆虫技术；秸秆收贮体系建设，主要是根据生产实际和市场需求，科学规划建设秸秆收贮站。

（五）畜禽粪便治理工程

以提高畜禽粪便无害化处理、资源化利用水平为重点，根据养殖规模，选择性推广粪便肥料化利用技术。一是粪便自然发酵直接还田。主要是建设集中堆积贮存场所，利用微生物氧化分解粪便，作为肥料直接还田。二是发酵床粪便处理技术。将垫料和高效微生物菌种混合，吸附发酵畜禽粪便，形成有机肥料。三是沼气工程建设。在规模化养殖场内，建设大中小型沼气工程，配套建设沼渣沼液肥料化生产设施，实现沼渣沼液肥料化利用。四是畜禽粪便有机肥生产技术。依托规模化养殖场，配套建设畜禽粪便肥料化生产设施，生产有机肥。

（六）重金属污染修复工程

以农产品产地重金属污染治理与修复为重点，因地制宜推广应用源头防控、农艺修复、化学钝化、植物萃取等相关技术。通过修建植物隔离带或人工湿地缓冲带，建设灌溉水源替代工程，实行农业投入品准入，防止重金属继续污染农田；通过开展农田土壤深耕培肥，合理调节土壤理化性状，降低耕层土壤重金属有效态含量；通过施用高效实用的化学钝化剂，选择性喷施对重金属吸收有拮抗作用的叶面调理剂，有效减少农作物对重金属的吸收；通过间作、套种重金属超累积植物，吸收富集土壤中的重金属元素，将重金属移出土体。

四、主要项目及布局

总体项目实施，根据相关问题的发生程度、优势农作物区域布局和生态环境敏感区域，分项目核心区、示范推广区和辐射带动区梯次推进。

（一）土壤改良修复

土壤酸化改良项目：对全省 980 万亩 pH 值小于 5.5 的酸化土壤进行改良，其中，项目核心区 12 个县（市、区）500 万亩，示范推广区 10 个县（市、区）300 万亩，辐射带动区 5 个县（市、区）180 万亩。在粮田中施用有机肥和矿物源土壤调理剂；在果园中施用有机肥和矿物源土壤调理剂，配套种植绿肥植物（附表 2-1）。

附表 2-1　山东省耕地土壤改良修复区划表项目

项目名称	区域划分	县（市、区）名单
土壤酸化改良	核心区 12 个县（市、区）	青岛市黄岛区、城阳区、即墨市、烟台市牟平区、福山区、招远市、栖霞市、威海市环翠区、文登区、荣成市、乳山市、莒南县
	示范推广区 10 个县（市、区）	莱西市、烟台市莱山区、海阳市、蓬莱市、莱阳市、莱州市、龙口市、日照市东港区、岚山区、临沭县
	辐射带动区 5 个县（市、区）	胶州市、平度市、五莲县、临沂市河东区、沂水县
设施菜地土壤退化修复	核心区 31 个县（市、区）	济南市历城区、济阳县、南河县、淄博市临淄区、周村区、枣庄市峄城区、广饶县、寿光市、昌乐县、青州市、安丘市、临朐县、泗水县、泰安市岱岳区、新奉市、肥城市、莒县、兰陵县、沂南县、禹城市、齐河县、临邑县、平原县、聊城市东昌府区、莘县、冠县、阳谷县、惠民县、博兴县、菏泽市牡丹区、定陶县
	示范推广区 17 个县（市、区）	济南市长清区、高青县、枣庄市山亭区、滕州市、高密市、济宁市任城区、汶上县、金乡县、宁阳县、费县、德州市陵城区、宁津县、东阿县、茌平县、威武县、单县、巨野县
	辐射带动区 8 个县（市、区）	章丘市、枣庄市台儿庄区、诸城市、梁山县、邹城市、郯城县、邹平县、曹县

设施菜地土壤退化修复项目：对全省 260 万亩土壤盐渍化和土传病害比较严重的设施菜地进行修复，其中，项目核心区 31 个县（市、区）130 万亩，示范

推广区 17 个县（市、区）80 万亩，辐射带动区 8 个县（市、区）50 万亩。施用高碳有机肥或生物有机肥，并在核心区配套建设水肥一体化设施（附表 2-1）。

（二）农药残留治理

耕地农药残留治理项目：在粮食作物、蔬菜、果品生产大县（市、区）推广应用农药残留降解和农药减量控害技术。粮食作物实施总面积1 700万亩，其中，项目核心区 20 个县（市、区）800 万亩，示范推广区 19 个县（市、区）500 万亩，辐射带动区 29 个县（市、区）400 万亩；蔬菜实施总面积 900 万亩，其中，项目核心区 9 个县（市、区）400 万亩，示范推广区 9 个县（市、区）300 万亩，辐射带动区 16 个县（市、区）200 万亩；果品实施总面积 300 万亩，其中，项目核心区 8 个县（市、区）150 万亩，示范推广区 8 个县（市、区）100 万亩，辐射带动区 9 个县（市、区）50 万亩。施用微生物降解菌剂，推广应用物理防治、生物防治技术和高效低毒环境友好型农药，配套推广相应的高效施药器械和农药增效助剂（附表 2-2）。

附表 2-2　山东省耕地农药残留治理区划表区域

区域划分	县（市、区）名单		
	粮食作物	蔬菜	果品
核心区 37 个县 （市、区）	平度市、莱西市、滕州市、广饶县、诸城市、高密市、汶上县、邹城市、泰安市岱岳区、宁阳县、肥城市、德州市陵城区、齐河县、禹城市、乐陵市、聊城市东昌府区、阳谷县、莘县、郓城县、曹县（20 个）	济南市历城区、济阳县、淄博市临淄区、高青县、莱芜市莱城区、安丘市、寿光市、兰陵县、沂南县（9 个）	莱阳市、招远市、威海市文登区、荣成市、五莲县、莒县、滨州市沾化区、无棣县（8 个）
示范推广区 36 个县 （市、区）	胶州市、即墨市、枣庄市台儿庄区、山亭区、利津县、垦利县、潍坊市寒亭区、坊子区、梁山县、嘉祥县、曲阜市、东平县、新泰市、平原县、临邑县、高唐县、临清市、成武县、东明县（19 个）	济南市长清区、章丘市、商河县、淄博市张店区、昌乐县、青州市、昌邑市、沂水县、蒙阴县（9 个）	牟平市、莱州市、蓬莱市、栖霞市、乳山市、日照市东港区、滨州市滨城区、阳信县（8 个）

（续表）

区域划分	县（市、区）名单		
	粮食作物	蔬菜	果品
辐射带动区 54个县 （市、区）	青岛市黄岛区、城阳区、枣庄市市中区、薛城区、峄城区、东营市东营区、河口区、潍坊市潍城区、临朐县、济宁市任城区、兖州区、微山县、鱼台县、金乡县、泗水县、泰安市泰山区、德州市德城区、宁津县、庆云县、夏津县、武城县、在平县、东阿县、冠县、菏泽市牡丹区、单县、巨野县、鄄城县、定陶县（29个）	济南市天桥区、平阴县、淄博市淄川区、周村区、博山区、桓台县、沂源县、莱芜市钢城区、临沂市兰山区、罗庄区、河东区、郯城县、费县、莒南县、临沭县、平邑县（16个）	烟台市福山区、莱山区、龙口市、海阳市、威海市环翠区、日照市岚山区、惠民县、博兴县、邹平县（9个）

（三）地膜污染防治

可控降解地膜推广项目：在棉花、花生、马铃薯和设施蔬菜集中种植区域，补贴推广可降解生态地膜栽培技术1 000万亩，其中，项目核心区56个县（市、区）600万亩，示范推广区49个县（市、区）300万亩，辐射带动区17个县（市、区）100万亩。

不可降解标准地膜推广及回收网点建设项目：在棉花和露天蔬菜集中种植区域，补贴推广不可降解标准地膜2 000万亩，其中，项目核心区56个县（市、区）1 200万亩，示范推广区49个县（市、区）700万亩，辐射带动区17个县（市、区）100万亩。每5万亩标准地膜覆盖区建设1处地膜回收网点，共需建设400个网点，其中，项目核心区240个，示范推广区130个，辐射带动区30个（附表2-3）。

附表2-3　山东省耕地地膜残留污染防治区划表区域

区域划分	县（市、区）名单
核心区 56个县 （市、区）	济阳县、商河县、胶州市、平度市、莱西市、沂源县、滕州市、垦利县、利津县、广饶县、莱阳市、莱州市、栖霞市、招远市、海阳市、临朐县、昌乐县、青州市、诸城市、寿光市、安丘市、高密市、昌邑县、金乡县、泗水县、梁山县、邹城市、新泰市、荣成市、日照东港区、岚山区、五莲县、莒县、莱芜市莱城区、沂水县、兰陵县、费县、平邑县、莒南县、蒙阴县、临沭县、齐河县、夏津县、乐陵市、聊城市东昌府区、莘县、高唐县、滨州市滨城区、惠民县、无棣县、菏泽市牡丹区、单县、成武县、巨野县、郓城县、东明县

（续表）

区域划分	县（市、区）名单
示范推广区 49 个县 （市、区）	平阴县、章丘市、即墨市、淄博市临淄区、高青县、枣庄市峄城区、台儿庄区、山亭区、东营市东营区、河口区、烟台市福山区、牟平区、龙口市、蓬莱市、潍坊市寒亭区、坊子区、鱼台县、嘉祥县、汶上县、曲阜市、宁阳县、东平县、肥城市、威海市环翠区、文登区、乳山市、莱芜市钢城区、临沂市兰山区、罗庄区、河东区、沂南县、郯城县、德州市德城区、陵城区、宁津县、临邑县、平原县、武城县、禹城市、阳谷县、茌平县、东阿县、冠县、临清市、滨州市沾化区、博兴县、邹平县、曹县、鄄城县
辐射带动区 17 个县 （市、区）	济南市历城区、长清区、青岛市黄岛区、城阳区、淄博市张店区、淄川区、博山区、周村区、桓台县、枣庄市市中区、潍坊市潍城区、济宁市任城区、兖州区、微山县、泰安市泰山区、庄云县、阳信县

（四）秸秆综合利用

秸秆综合利用项目：在秸秆综合利用核心区 48 个县（市、区），建设秸秆收贮站 800 处，秸秆生物反应堆示范基地 60 万亩，配置秸秆还田联合收获机械4 000台套，建秸秆青贮池 400 万 m^3，建秸秆固化、炭化厂 200 座，建秸秆热解气化站 80 处，大中型秸秆沼气工程 80 处，建食用菌菌种、菌包厂 40 个，秸秆有机肥厂 40 个；在秸秆综合利用示范推广区 69 个县（市、区），建设秸秆收贮站 1 000处，秸秆生物反应堆示范基地 80 万亩，配置秸秆还田联合收获机械6 000台套，建秸秆青贮池 500 万 m^3，建秸秆热解气化站 100 处，大中型秸秆沼气工程 150 处，建秸秆固化、炭化厂 400 座，建食用菌菌种、菌包厂 50 个，秸秆有机肥厂 50 个；在秸秆综合利用辐射带动区 10 个县（市、区），建设秸秆收贮站 100 处，秸秆生物反应堆示范基地 10 万亩，配置秸秆还田联合收获机械1 000台套，建秸秆青贮池 100 万 m^3，建秸秆热解气化站 20 处，大中型秸秆沼气工程 20 处，建秸秆固化、炭化厂 100 座，建食用菌菌种、菌包厂 10 个，秸秆有机肥厂 10 个（附表 2-4）。

附表 2-4　山东省秸秆综合利用区划表

区域划分	县（市、区）名单
核心区 45 个县 （市、区）	济南市历城区、长清区、天桥区、章丘市、青岛市城阳区、即墨市、胶州市、淄博市临淄区、张店区、周村区、枣庄市薛城区、市中区、峄城区、滕州市、垦利县、烟台市莱山区、潍坊市潍城区、坊子区、寒亭区、高密市、昌邑市、昌乐县、寿光市、青州市、临朐县、曲阜市、邹城市、泰安市泰山区、岱岳区、宁阳县、新泰市、威海市文登区、五莲县、临沂市河东区、兰山区、罗庄区、蒙阴县、沂南县、费县、郯城县、兰陵县、德州市德城区、陵城区、平原县、禹城市、齐河县、滨州市滨城区、邹平县

（续表）

区域划分	县（市、区）名单
示范推广区69个县（市、区）	平阴县、济阳县、商河县、平度市、莱西市、淄博市淄川区、博山区、桓台县、高青县、枣庄市山亭区、台儿庄区、东营市河口区、东营区、广饶县、利津县、烟台市牟平区、福山区、莱阳市、莱州市、招远市、海阳市、栖霞市、诸城市、安丘市、济宁市任城区、兖州区、微山县、鱼台县、嘉祥县、汶上县、梁山县、东平县、肥城市、威海市环翠区、乳山市、日照市东港区、岚山区、莒县、莱芜市莱城区、钢城区、临沭县、宁津县、庆云县、临邑县、武城县、乐陵市、夏津县、聊城市东昌府区、阳谷县、莘县、茌平县、东阿县、冠县、高唐县、临清市、滨州市沾化区、惠民县、阳信县、无棣县、博兴县、菏泽市牡丹区、曹县、单县、成武县、郓城县、鄄城县、定陶县、东明县、巨野县
辐射带动区10个县（市、区）	青岛市黄岛区、沂源县、龙口市、蓬莱市、金乡县、泗水县、荣成市、莒南县、沂水县、平邑县

（五）畜禽粪便治理

粪便自然发酵直接还田项目：在全省37 000个畜禽规模化养殖场推广应用粪便自然发酵直接还田技术，其中，项目核心区20个县（市、区）15 000个养殖场，示范推广区40个县（市、区）11 000个养殖场，辐射带动区58个县（市、区）11 000个养殖场。主要建设“三防”畜禽粪便堆放场，并配套建设污水储存池、氧化塘等相应设施（附表2–5）。

附表2–5　山东省畜禽粪便治理区划表

区域划分	县（市、区）名单
核心区20个县（市、区）	济南市历城区、章丘市、莱西市、高青县、广饶县、莱阳市、莱州市、诸城市、宁阳县、新泰市、汶上县、莒县、沂南县、德州市陵城区、临邑县、阳谷县、高唐县、阳信县、曹县、郓城县
示范推广区40个县（市、区）	济南市长清区、济阳县、平阴县、青岛市胶洲市、即墨市、淄博市临淄区、枣庄市台儿庄区、滕州市、东营市东营区、烟台市牟平区、海阳市、临朐县、高密市、安丘市、寿光市、济宁市兖州区、邹城市、曲阜市、泗水县、泰安市岱岳区、肥城市、威海市文登区、莱芜市莱城区、平邑县、莒南县、沂水县、郯城县、禹城市、齐河县、平原县、乐陵市、聊城市东昌府区、冠县、莘县、邹平县、惠民县、菏泽市牡丹区、单县、成武县、巨野县
辐射带动区58个县（市、区）	商河县、青岛市城阳区、黄岛区、平度市、淄博市淄川区、周村区、沂源县、桓台县、枣庄市薛城区、市中区、山亭区、峄城区、东营市河口区、利津县、垦利县、招远市、蓬莱市、龙口市、潍坊市潍城区、青州市、昌乐县、昌邑市、济宁市任城区、嘉祥县、梁山县、微山县、金乡县、鱼台县、泰安市泰山区、东平县、荣成市、乳山市、日照市岚山区、东港区、五莲县、莱芜市钢城区、临沂市兰山区、罗庄区、河东区、费县、临沭县、兰陵县、蒙阴县、德州市德城区、夏津县、宁津县、庆云县、武城县、茌平县、临清市、东阿县、滨州市滨城区、沾化区、无棣县、博兴县、鄄城县、东明县、定陶县

畜禽发酵床养殖项目：在全省选择7 700个以生猪和肉禽为主的规模化养殖场，推广应用畜禽发酵床养殖技术，其中，项目核心区3 100个养殖场，示范推广区2 300个养殖场，辐射带动区2 300个养殖场。主要建设标准化畜禽养殖发酵床，配套建设料槽、水槽等设施。

大中小型沼气工程建设项目：在全省选择2 500个以生猪和奶牛养殖为主的规模化养殖场，推广应用厌氧发酵沼气生产技术，其中，项目核心区1 000个，示范推广区 750 个，辐射带动区 750 个。主要建设大中小型沼气工程，配套建设“三沼”利用设施。

畜禽粪便有机肥生产项目：在全省选择4 500个基础条件较好的畜禽规模化养殖场，推广应用有机肥生产技术，其中，项目核心区 1 800个，示范推广区 1 350个，辐射带动区1 350个。主要建设畜禽粪便有机肥生产线，配套相关设施设备。

（六）重金属污染修复

农田重金属污染修复项目：在有效切断重金属污染源头、严禁工业污水直接排放农田、严禁矿渣废弃物直接倒入农田、严禁城乡生活污水及废弃物直接进入农田的基础上，根据全省农产品产地土壤重金属普查的部分监测结果，在污染区开展以农艺措施修复为主体，其他治理技术为辅的土壤重金属污染修复，降低土壤重金属活性，削减土壤中重金属含量。项目实施区域面积 7. 5 万亩，其中，项目核心区 7 个县（市、区），涉及耕地面积 5. 3 万亩，示范推广区 3 个县（市、区），涉及耕地面积 1. 2 万亩，辐射带动区 3 个县（市、区），涉及耕地面积 1. 0 万亩。

（七）综合防治示范

考虑土壤地力退化、农药残留污染、地膜残留污染、秸秆未有效利用、畜禽粪便污染、重金属污染 6 大问题的污染程度和在同一区域的重叠次数，本着统筹规划、突出重点的原则，将全省耕地划分为 3 类综合防治区，其中，核心区 40 个县（市、区），示范推广区 41 个县（市、区），辐射带动区 23 个县（市、区）（附表 2-6）。此区划为综合防治示范项目优先安排依据，不另外安排项目计划投资。

附表 2-6　山东省耕地质量提升综合防治示范区划表

区域划分	县（市、区）名单
核心区 40个县 （市、区）	济南市历城区、济阳县、青岛市城阳区、即墨市、莱西市、淄博市临淄区、周村区、枣庄市峄城区、滕州市、广饶县、招元市、莱阳市、莱州市、寿光市、昌乐县、青州市、安丘市、临朐县、高密市、诸城市、邹城市、泰安市岱岳区、宁阳县、新泰市、威海市文登区、荣成市、莒县、五莲县、莱芜市莱城区、兰陵县、沂南县、德州市陵城区、齐河县、禹城市、聊城市东昌府区、阳谷县、莘县、滨州市滨城区、菏泽市牡丹区、郓城县
示范推广区 41个县 （市、区）	济南市长清区、天桥区、章丘市、商河县、青岛市黄岛区、平度市、胶州市、淄博市张店区、高青县、枣庄市薛城区、市中区、垦利县、烟台市莱山区、牟平区、福山区、栖霞市、潍坊市潍城区、坊子区、寒亭区、昌邑市、汶上县、泗水县、泰安市泰山区、肥城市、威海市环翠区、日照东港区、岚山区、临沂市罗庄区、河东区、兰山区、费县、蒙阴县、莒南县、德州市德城区、临邑县、平原县、乐陵市、高唐县、惠民县、无棣县、曹县
辐射带动区 23个县 （市、区）	淄博市淄川区、沂源县、利津县、海阳市、金乡县、曲阜市、梁山县、乳山市、郯城县、沂水县、平邑县、临沭县、夏津县、冠县、滨州市沾化区、博兴县、阳信县、邹平县、定陶县、单县、成武县、巨野县、东明县

五、投资估算与资金来源

纳入规划投资范围的6类工程项目初步估算总投资933.69亿元，其中，各级政府投资90亿元，自筹843.69亿元。按项目类别划分如下。

（一）土壤改良修复

项目总投资282.62亿元，其中，各级政府投资15亿元，自筹267.62亿元。1. 土壤酸化改良：项目总投资169.52亿元，其中，各级政府投资7.5亿元，自筹162.02亿元。2. 设施菜地土壤退化修复：项目总投资113.1亿元，其中，各级政府投资7.5亿元，自筹105.6亿元。

（二）农药残留治理

项目总投资231.32亿元，其中，各级政府投资15亿元，自筹216.32亿元。

（三）地膜污染防治

项目总投资121.35亿元，其中，各级政府投资15亿元，自筹106.35亿元。

（四）秸秆综合利用

项目总投资99.4亿元，其中，各级政府投资15亿元，自筹84.4亿元。

（五）畜禽粪便治理

项目总投资184亿元，其中，各级政府投资15亿元，自筹169亿元。

（六）重金属污染修复

项目总投资15亿元，全部为各级政府投资。

六、组织实施和政策保障

各级、各部门要统一思想、提高认识，高度重视耕地质量提升工作，切实抓好组织实施和政策保障，确保到规划水平年各项发展目标圆满完成。

（一）加强组织领导

各级、各部门要把耕地质量提升工作纳入重要议事日程，切实加强领导。农业部门具体负责规划的组织实施，发展改革、经济和信息化、科技、财政、国土资源、水利、林业、环保、统计、工商、质监等部门及有关科研单位要按照工作职能，搞好协调配合。各设区市要根据本规划确定的任务目标，制定本地区的实施规划，建立目标责任制，将有关任务分解落实到县（市、区）。项目核心区、示范推广区和辐射带动区的县（市、区），要立足实际，编制具体实施方案。各项目县（市、区）要加强项目建设和管理，强化对项目实施效果的跟踪评测，建立长效机制，切实把规划确定的各项任务落到实处。

（二）强化政策保障

一是加大财政投入。研究制定政府引导、市场运作的产业发展机制，建立以财政投入为导向，企业、合作组织和广大农民投入为主体的多层次、多渠道、多元化的耕地质量提升投资机制。加大资金整合力度，在项目安排上向影响耕地质量比较严重的区域倾斜。各级要积极安排资金支持耕地质量提升，推广耕地质量提升新技术、新成果、新模式，对涉及耕地质量提升的农机具等纳入购置补贴范围。二是加大政策扶持。以国家、省、市现有的法律、法规、规章、制度为导向，贯彻落实国家有关税收和土地政策，支持企业和个人参与耕地质量提升。引导和支持社会资本投入耕地质量提升，鼓励探索市场化运作的耕地质量提升运行机制。建立健全耕地质量提升奖励制度，对突出的单位和个人由政府给予奖励。

（三）加快技术创新

以科研单位和高等院校为依托，整合科研资源，强化科技攻关，大力开展具有自主知识产权的耕地质量提升新技术、新产品的研发，引进、消化、吸收、创新国内外先进技术。力争在各个方面取得突破，形成经济、实用的集成技术体系，建立耕地质量提升科技示范基地，加快适用技术的转化应用。充分发挥各级农技推广机构的作用，加快推广耕地质量提升新技术。通过科技入户、新型农民科技培训、新型农民创业培训、农民职业技能培训等，提高广大农民技能。

（四）营造良好氛围

充分发挥新闻媒体的舆论导向作用，广泛开展多种形式、丰富多彩的宣教活动，大力宣传耕地质量提升的重要意义，宣传耕地质量提升的好技术、好典型、好经验，提高广大干部群众的环保意识和科技水平，增强参与耕地质量提升的自觉性，努力营造耕地质量提升良好的社会氛围。

附件 3　山东省农业厅农业面源污染综合防治文件

鲁农生态字〔2015〕10 号

各市农业局（农委）：

为贯彻落实《农业部关于打好农业面源污染防治攻坚战的实施意见》（农科教发〔2015〕1 号）、《农业部关于印发〈到 2020 年化肥使用量零增长行动方案〉和〈到 2020 年农药使用量零增长行动方案〉的通知》（农农发〔2015〕2 号），结合我省实际，省农业厅研究制定了《山东省关于打好农业面源污染防治攻坚战实施方案》，现印发给你们，请结合当地实际，认真贯彻执行。

山东省农业厅

2015 年 7 月 1 日

山东省关于打好农业面源污染防治攻坚战实施方案

为贯彻落实《农业部关于打好农业面源污染防治攻坚战的实施意见》（农科教发〔2015〕1 号）和《农业部关于印发〈到 2020 年化肥使用量零增长行动方案〉和〈到 2020 年农药使用量零增长行动方案〉的通知》（农农发〔2015〕2 号），根据全省农业生态文明建设部署要求，结合实施耕地质量提升计划，制定本方案。

一、指导思想

全面贯彻党的十八大和十八届二中、三中、四中全会精神，紧紧围绕生态文明建设的总要求，着眼于转方式、调结构、促发展，坚持生态优先、全面协调、绿色循环、可持续发展理念，以促进农业资源永续利用和生态环境持续改善为目标，以“一控两减三基本”为重点，以生态环境保护、农业减量投入、资源循环利用和农业生态修复为手段，强化科技支撑、加大创新发展，大力实施《山东省耕地质量提升规划（2014—2020 年）》，着力推进农业面源污染综合防治，切实改善农村生态环境，不断提升农业可持续发展能力。

二、工作目标

到 2020 年，全省农业面源污染得到有效治理，实现“一控两减三基本”目标。全省高效节水灌溉面积达到4 000万亩，全省农田灌溉水有效利用系数达到 0. 65 以上。推广水肥一体化面积 500 万亩；全省化肥利用率提高 10 个百分点以上；全省农药利用率提高到 40%以上，用药量减少 30%以上，农作物病虫害绿色防控覆盖率达 30%以上；全省可控降解地膜推广使用量占总使用量的 30%以上，不可降解标准地膜回收率达到 90%以上；秸秆综合利用率达到 90%以上，秸秆精细还田、堆沤还田面积占还田总面积的 95%以上；规模化畜禽养殖场区配套建设废弃物处理设施比例达到 90%以上，粪便无害化处理、资源化利用率达到 90%以上。全省污染修复区土壤中重金属有效态含量降低 60%，农产品质量安全得到有效保障。

三、工作重点

重点实施以下八项工程。

（一）实施农业节水工程，提高农业用水利用效率

完善以灌溉节水、旱作节水和水肥一体化为重点的农业节水工程措施，实施农田节水战略，大力推广农田节水各项新技术新模式，提高灌溉水、自然降水的有效利用率和综合效益。在胶东丘陵区，主要推广滴灌、微喷等水肥一体化技术，扩大推广面积；在黄泛平原区地区，主要推广管道灌溉、渠道防渗、土地平整等节水灌溉工程；在鲁中南山地丘陵区结合小型水利工程产权制度改革，主要推广山下打井、山上建池、旱作节水技术。推广农机、农艺和生物技术节水措施。合理安排耕作和栽培制度，选育和推广优质耐旱高产品种，提高天然降水利用率。大力推广深松整地、畦田改造、秸秆覆盖、地膜覆盖、地膜周年覆盖及穴播技术、旱地覆草和秸秆还田、选用抗旱品种等旱作节水技术，节水保墒营造土

壤大水库，提高土壤保蓄水分的能力。

（二）实施化肥减量工程，加快土壤改良修复

一是着力推广使用商品有机肥。通过施用有机肥，提高土壤有机质含量，促进微生物繁殖，改善土壤理化性状，减少化肥施用量。在土壤酸化程度比较严重的胶东地区，通过施用土壤调理剂，中和酸性土壤，改善土壤理化性状；在果园中种植绿肥植物，增加土壤有机质含量，调理土壤酸碱度。在设施蔬菜栽培集中区域，重点推广水肥一体化技术，通过配套建设滴灌设施，将施肥和灌溉同步进行、一体化管理；进一步加大微生物和高碳有机肥推广力度，有效减少化肥施用量。二是普及测土配方施肥，支持测土配方施肥整乡、整县推进，引导农企对接直供，启动对新型经营主体补贴，扩大配方肥施用范围，实现小麦、玉米、蔬菜、林果等各种作物全覆盖，充分发挥配方肥在化肥减量、农田减污方面的作用，提高化肥利用率，科学合理施肥，减少氮、磷流失。到 2020 年，测土配方施肥覆盖率达到 90%。

（三）实施农药减控工程，治理农药残留污染

一是强化高毒、高残农药源头监管，全面建立高毒农药定点经营和实名购买制度，实现高毒农药从生产、经营到使用全过程的无缝隙监管。加大禁限用高毒农药清查力度，杜绝甲胺磷等国家禁用农药的生产、经营和使用。开展农药等投入品包装回收工作，统一规范管理，鼓励生产、经营农药、化肥等企业、农资店回收包装废弃物。二是大力推广生物农药，搞好高毒农药替代工作，逐步减少化学农药的使用。三是积极推广绿色防控技术，推进专业化统防统治。以花生、蔬菜、果树等经济作物为重点，熟化优化、协调运用理化诱控、生物防治、生态调控、科学用药等绿色防控措施，集成推广以生态区域为单元、以农作物为主线的全程绿色防控技术模式。依托病虫专业化统防统治服务组织、新型农药经营主体等，开展专业化统防统治，推进植保社会化服务进程。以小麦、玉米等粮食作物为重点，鼓励开展整建制、全承包统防统治服务作业，提高科学用药、精准用药水平。四是建立农企共建农作物病虫专业化统防统治与绿色防控融合推进示范基地。积聚农业部门和企业优势资源，联合开展技术集成、产品直供、指导服务，集成示范一批病虫害综合防治技术模式，加快绿色防控产品、高效低毒农药、现代植保机械及科学用药推广应用，示范带动病虫综合防治，促进农药减量控害。

（四）实施清洁生产工程，保护农业生态环境

一是加强地膜污染防治。以消除地膜残留污染为重点，立足我省在氧化生物

双降解地膜研发生产上的技术优势，大力推广双降解生态地膜栽培技术，充分利用双降解地膜在自然环境条件下，降解完全、定时可控和生态无害的特点，实现地膜栽培的清洁生产，消除“白色污染”。研究制定相应政策措施，推广使用0.01mm以上标准地膜。合理规划布局，建设废旧地膜回收站，配套相关设备，制定优惠政策，鼓励农民捡拾回收地膜，采取差价补贴的方式，换取新的标准地膜或可控降解地膜。二是实施重金属污染修复。以农产品产地重金属污染治理与修复为重点，因地制宜推广应用源头防控、农艺修复、化学钝化、植物萃取等相关技术。通过修建植物隔离带或人工湿地缓冲带，建设灌溉水源替代工程，实行农业投入品准入，防止重金属继续污染农田；通过开展农田土壤深耕培肥，合理调节土壤理化性状，降低耕层土壤重金属有效态含量；通过施用高效实用的化学钝化剂，选择性喷施对重金属吸收有拮抗作用的叶面调理剂，有效减少农作物对重金属的吸收；通过间作、套种重金属超累积植物，吸收富集土壤中的重金属元素，将重金属移出土体。

（五）实施资源循环利用工程，推进农业废弃物资源化利用

一是稳步推进农村沼气建设。结合农村环境综合治理及清洁能源生产，调整结构，优化服务，重点在规模化畜禽养殖场、养殖小区、农村社区推进规模化沼气工程建设。选择具备条件专业化企业开展规模化生物天然气工程试点。提高农村能源社会化服务水平，健全稳定农村能源管理和服务队伍，通过加强服务和技术指导，不断提高沼渣沼液的商品化、肥料化利用水平和沼气工程的产气率、使用率。二是加快推进秸秆综合利用。以秸秆肥料化、饲料化、燃料化、基料化利用为重点，大力推广应用秸秆精细还田、秸秆青贮微贮氨化、秸秆热解气化、秸秆养殖食用菌等技术，配套建设秸秆收贮体系。

（六）实施畜禽养殖提升工程，建立畜牧生态产业体系

一是科学规划，合理布局。省、市、县畜牧兽医主管部门负责制订本级畜牧业发展总体规划，依据当地禀赋条件、环境容量，合理确定养殖品种、规模、总量。依法划定禁养区、限养区，严格区划管理，依法关闭或搬迁禁养区内的畜禽养殖业户，并制定、落实相关补贴政策。二是转变方式，提升水平。积极开展畜禽养殖标准化示范创建活动，以品种良种化、养殖设施化、生产规范化、防疫制度化、粪污处理无害化和监管常态化“六化”为核心，建立一批针对不同畜禽品种、不同规模、不同养殖方式的行之有效的标准化示范模式，引导畜牧业转型升级，不断提升畜禽养殖标准化、规范化水平。三是治理污染，生态循环。重点

对畜禽养殖场粪污清理、输送、贮存、处理等设施进行标准化改造，大力推广发酵床养殖、沼气工程建设、有机肥生产、种养结合等粪污无害化处理利用技术。积极推行猪-沼-果和猪-沼-菜等种养结合的生态养殖模式，实现畜禽养殖废弃物的资源化循环利用。四是加强病死畜禽无害化处理，探索建立“企业投资、政府补贴、市场运作、保险联动”的病死畜禽专业无害化处理厂和收集体系建设运行模式，到2016年年底，全省建成病死畜禽专业无害化处理厂90处，年处理病死畜禽能力达27万t。所有规模养殖场配套建设无害化处理设施。

（七）实施农业标准化工程，确保农产品质量安全

围绕提升品质、培育品牌，加快制修订农业地方标准，健全完善产前、产中、产后相互衔接、严谨配套的地方标准体系；以“龙头+基地+农户”为主要模式，按照整体规划、有序推进的要求，加快标准化生产基地建设，推行全程标准化生产；大力发展“三品一标”，进一步加快瓜菜果茶产品的“三品”认证步伐，强化证后监管。建立健全检测体系，加大产品检测力度，加强标准化实施监督。到2020年全省各类农业地方标准、生产技术规范达到2 600项，建成规模化、专业化、标准化、产业化果菜基地达2 500万亩，“三品一标”产品7 500个。

（八）实施生态循环农业创建工程，推进农业转型升级

在全省选取部分代表不同区域特点的县（市、区）、园区、企业、生产基地，大力推行农业清洁生产、标准化生产，组织农业适度规模经营，积极推进生态循环农业建设，开展示范创建。一是选择生态循环农业发展基础较好的县（市、区），统筹规划产业布局、技术模式、科技支撑、服务设施和配套政策，构建农业生产、加工、流通、服务、休闲相协调的生态循环农业产业和生产经营体系，形成县域大循环，整建制创建生态循环农业示范县。二是依托各类现代农业园区，以各类新型经营组织为实施主体，合理布局生态循环产业和生产模式，形成区域中循环，创建示范区。三是以农产品生产加工、肥料饲料、废弃物循环利用等企业为主体，以集约化投入、清洁化生产、循环化利用、无害化排放组织生产、加工和供给，实现企业小循环，创建示范企业。四是选择生态环境好、科技含量高、辐射带动强的农业生产基地，集成推广生态循环农业技术模式，实现基地微循环，创建生态循环农业示范基地。到2020年，创建省级生态循环农业示范县30个、示范区100个、示范企业100个、示范基地500个。

四、保障措施

（一）加强组织领导

为打好农业面源污染治理攻坚战，省农业厅成立相关处、站参加的农业面源污染防治推进工作小组，加强对各地的工作指导与服务。各级农业部门要切实增强对农业面源污染防治工作重要性、紧迫性的认识，将农业面源污染防治纳入打好节能减排和环境治理攻坚战的总体安排，积极争取党委、政府关心与支持，及时加强与发展改革、财政、国土、环保、水利等部门的沟通协作，形成打好农业面源污染防治攻坚战的工作合力。

（二）强化责任落实

农业面源污染防治是一项复杂的系统工程，涉及农业系统多个行业部门，必须建立分工明确、责任到位、统一配合、协同推进的工作机制。省厅生态农业处牵头抓好农业面源污染防治，负责做好各项工作统筹协调并具体负责实施资源循环利用工程和生态循环农业创建工程；省畜牧兽医局负责实施畜禽养殖提升工程；省厅质监处实施农业标准化工程；省土壤肥料总站负责实施农业节水工程和化肥减量工程；省植保总站和省农药检定所负责实施农药减控工程；省农业环境保护和农村能源总站负责实施清洁生产工程。各级农业部门要强化农业面源污染防治责任意识和主体意识，结合当地实际，针对农业面源污染存在的突出问题，明确工作目标，建立目标责任制，制订方案、细化分工、强化协作，同力推进工作开展。

（三）完善监测体系

强化农业面源污染国控点的运行维护、样品监测、数据上报等基础工作，以实施耕地质量提升计划为契机，加强化肥、农药、地膜、秸秆、畜禽粪便监测预警。加强省级农产品综合中心农产品质量安全风险监测能力建设，积极推进农业环境和农产品质量安全检测工作，着力开展水质、土壤、空气、农产品样品检测及无公害农产品、绿色食品的认证检测，提升风险监测预警评估能力。

（四）强化宣传引导

充分运用广播、电视、报刊、网络等多种媒体，大力宣传农业面源污染防治的重要性和紧迫性、加强农业面源污染防治的科学普及、舆论宣传和技术推广。围绕农业节水、减量控害、资源利用、产品安全等主题，大力普及农业面源污染防治知识和先进实用防治方法，广泛宣传和交流各地开展农业面源污染防治取得的成效、经验和做法。

山东省农业厅办公室
2015 年 7 月 1 日印发

附件 4　国家及农业部有关规划文件

农业部 国家发展改革委 科技部 财政部 国土资源部 环境保护部 水利部 国家林业局

关于印发《全国农业可持续发展规划（2015—2030 年）》的通知

农计发〔2015〕145 号

各省、自治区、直辖市、计划单列市人民政府，新疆生产建设兵团：

农业关乎国家食物安全、资源安全和生态安全。大力推动农业可持续发展，是实现“五位一体”战略布局、建设美丽中国的必然选择，是中国特色新型农业现代化道路的内在要求。为指导全国农业可持续发展，编制本规划。

一、发展形势

（一）主要成就

21 世纪以来，我国农业农村经济发展成就显著，现代农业加快发展，物质技术装备水平不断提高，农业资源环境保护与生态建设支持力度不断加大，农业可持续发展取得了积极进展。

农业综合生产能力和农民收入持续增长。我国粮食生产实现历史性的“十一连增”，连续 8 年稳定在 5 亿 t 以上，连续 2 年超过 6 亿 t。棉油糖、肉蛋奶、果菜鱼等农产品稳定增长，市场供应充足，农产品质量安全水平不断提高。农民收入持续较快增长，增速连续 5 年超过同期城镇居民收入增长。

农业资源利用水平稳步提高。严格控制耕地占用和水资源开发利用，推广实施了一批资源保护及高效利用新技术、新产品、新项目，水土资源利用效率不断提高。农田灌溉水用量占总用水比重由2002年的61.4%下降到2013年的55%，有效利用系数由0.44提高到2013年的0.52，粮食亩产由293kg提高到2014年的359kg。在地少水缺的条件下，资源利用水平的提高，为保证粮食等主要农产品有效供给作出了重要贡献。

农业生态保护建设力度不断加大。国家先后启动实施水土保持、退耕还林还草、退牧还草、防沙治沙、石漠化治理、草原生态保护补助奖励等一批重大工程和补助政策，加强农田、森林、草原、海洋生态系统保护与建设，强化外来物种入侵预防控制，全国农业生态恶化趋势初步得到遏制、局部地区出现好转。2013年全国森林覆盖率达到21.6%，全国草原综合植被盖度达54.2%。

农村人居环境逐步改善。积极推进农村危房改造、游牧民定居、农村环境连片整治、标准化规模养殖、秸秆综合利用、农村沼气和农村饮水安全工程建设，加强生态村镇、美丽乡村创建和农村传统文化保护，发展休闲农业，农村人居环境逐步得到改善。截至2014年年底，改造农村危房1 565万户，定居游牧民24.6万户；5.9万个村庄开展了环境整治，直接受益人口约1.1亿。

（二）面临挑战

在我国农业农村经济取得巨大成就的同时，农业资源过度开发、农业投入品过量使用、地下水超采以及农业内外源污染相互叠加等带来的一系列问题日益凸显，农业可持续发展面临重大挑战。

资源硬约束日益加剧，保障粮食等主要农产品供给的任务更加艰巨。人多地少水缺是我国基本国情。全国新增建设用地占用耕地年均约480万亩，被占用耕地的土壤耕作层资源浪费严重，占补平衡补充耕地质量不高，守住18亿亩耕地红线的压力越来越大。耕地质量下降，黑土层变薄、土壤酸化、耕作层变浅等问题凸显。农田灌溉水有效利用系数比发达国家平均水平低0.2，华北地下水超采严重。我国粮食等主要农产品需求刚性增长，水土资源越绷越紧，确保国家粮食安全和主要农产品有效供给与资源约束的矛盾日益尖锐。

环境污染问题突出，确保农产品质量安全的任务更加艰巨。工业“三废”和城市生活等外源污染向农业农村扩散，镉、汞、砷等重金属不断向农产品产地环境渗透，全国土壤主要污染物点位超标率为16.1%。农业内源性污染严重，化肥、农药利用率不足1/3，农膜回收率不足2/3，畜禽粪污有效处理率不到50%，秸秆焚烧现象严重。海洋富营养化问题突出，赤潮、绿潮时有发生，渔业水域生态恶化。农村垃圾、污水处理严重不足。农业农村环境污染加重的态势，直接影响了农产品质量安全。

生态系统退化明显，建设生态保育型农业的任务更加艰巨。全国水土流失面积达 295 万 km^2，年均土壤侵蚀量 45 亿 t，沙化土地 173 万 km^2，石漠化面积 12 万 km^2。高强度、粗放式生产方式导致农田生态系统结构失衡、功能退化，农林、农牧复合生态系统亟待建立。草原超载过牧问题依然突出，草原生态总体恶化局面尚未根本扭转。湖泊、湿地面积萎缩，生态服务功能弱化。生物多样性受到严重威胁，濒危物种增多。生态系统退化，生态保育型农业发展面临诸多挑战。

体制机制尚不健全，构建农业可持续发展制度体系的任务更加艰巨。水土等资源资产管理体制机制尚未建立，山水林田湖等缺乏统一保护和修复。农业资源市场化配置机制尚未建立，特别是反映水资源稀缺程度的价格机制没有形成。循环农业发展激励机制不完善，种养业发展不协调，农业废弃物资源化利用率较低。农业生态补偿机制尚不健全。农业污染责任主体不明确，监管机制缺失，污染成本过低。全面反映经济社会价值的农业资源定价机制、利益补偿机制和奖惩机制的缺失和不健全，制约了农业资源合理利用和生态环境保护。

（三）发展机遇

当前和今后一个时期，推进农业可持续发展面临前所未有的历史机遇。一是农业可持续发展的共识日益广泛。党的十八大将生态文明建设纳入“五位一体”的总体布局，为农业可持续发展指明了方向。全社会对资源安全、生态安全和农产品质量安全高度关注，绿色发展、循环发展、低碳发展理念深入人心，为农业可持续发展集聚了社会共识。二是农业可持续发展的物质基础日益雄厚。我国综合国力和财政实力不断增强，强农惠农富农政策力度持续加大，粮食等主要农产品连年增产，利用“两种资源、两个市场”、弥补国内农业资源不足的能力不断提高，为农业转方式、调结构提供了战略空间和物质保障。三是农业可持续发展的科技支撑日益坚实。传统农业技术精华广泛传承，现代生物技术、信息技术、新材料和先进装备等日新月异、广泛应用，生态农业、循环农业等技术模式不断集成创新，为农业可持续发展提供有力的技术支撑。四是农业可持续发展的制度保障日益完善。随着农村改革和生态文明体制改革稳步推进，法律法规体系不断健全，治理能力不断提升，将为农业可持续发展注入活力、提供保障。

“三农”是国家稳定和安全的重要基础。我们必须立足世情、国情、农情，抢抓机遇，应对挑战，全面实施农业可持续发展战略，努力实现农业强、农民富、农村美。

二、总体要求

（一）指导思想

以邓小平理论、“三个代表”重要思想、科学发展观为指导，深入贯彻习近平总书记系列重要讲话精神，全面落实党的十八大和十八届二中、三中、四中全会精神，按照党中央、国务院各项决策部署，牢固树立生态文明理念，坚持产能为本、保育优先、创新驱动、依法治理、惠及民生、保障安全的指导方针，加快发展资源节约型、环境友好型和生态保育型农业，切实转变农业发展方式，从依靠拼资源消耗、拼农资投入、拼生态环境的粗放经营，尽快转到注重提高质量和效益的集约经营上来，确保国家粮食安全、农产品质量安全、生态安全和农民持续增收，努力走出一条中国特色农业可持续发展道路，为“四化同步”发展和全面建成小康社会提供坚实保障。

（二）基本原则

坚持生产发展与资源环境承载力相匹配。坚守耕地红线、水资源红线和生态保护红线，优化农业生产力布局，提高规模化集约化水平，确保国家粮食安全和主要农产品有效供给。因地制宜，分区施策，妥善处理好农业生产与环境治理、生态修复的关系，适度有序开展农业资源休养生息，加快推进农业环境问题治理，不断加强农业生态保护与建设，促进资源永续利用，增强农业综合生产能力和防灾减灾能力，提升与资源承载能力和环境容量的匹配度。

坚持创新驱动与依法治理相协同。大力推进农业科技创新和体制机制创新，释放改革新红利，推进科学种养，着力增强创新驱动发展新动力，促进农业发展方式转变。强化法治观念和思维，完善农业资源环境与生态保护法律法规体系，实行最严格的制度、最严密的法治，依法促进创新、保护资源、治理环境，构建创新驱动和法治保障相得益彰的农业可持续发展支撑体系。

坚持当前治理与长期保护相统一。牢固树立保护生态环境就是保护生产力、改善生态环境就是发展生产力的理念，把生态建设与管理放在更加突出的位置，从当前突出问题入手，统筹利用国际国内两种资源，兼顾农业内源外源污染控制，加大保护治理力度，推动构建农业可持续发展长效机制，在发展中保护、在保护中发展，促进农业资源永续利用，农业环境保护水平持续提高，农业生态系统自我修复能力持续提升。

坚持试点先行与示范推广相统筹。充分认识农业可持续发展的综合性和系统性，统筹考虑不同区域不同类型的资源禀赋和生态环境，围绕存在的突出问题开展试点工作，着力解决制约农业可持续发展的技术难题，着力构建有利于促进农业可持续发展的运行机制，探索总结可复制、可推广的成功模式，因地制宜、循序渐进地扩大示范推广范围，稳步推进全国农业可持续发展。

坚持市场机制与政府引导相结合。按照“谁污染、谁治理”“谁受益、谁付费”的要求，着力构建公平公正、诚实守信的市场环境，积极引导鼓励各类社会资源参与农业资源保护、环境治理和生态修复，着力调动农民、企业和社会各方面积极性，努力形成推进农业可持续发展的强大合力。政府在推动农业可持续发展中具有不可替代的作用，要切实履行好顶层设计、政策引导、投入支持、执法监管等方面的职责。

（三）发展目标

到2020年，农业可持续发展取得初步成效，经济、社会、生态效益明显。农业发展方式转变取得积极进展，农业综合生产能力稳步提升，农业结构更加优化，农产品质量安全水平不断提高，农业资源保护水平与利用效率显著提高，农业环境突出问题治理取得阶段性成效，森林、草原、湖泊、湿地等生态系统功能得到有效恢复和增强，生物多样性衰减速度逐步减缓。

到2030年，农业可持续发展取得显著成效。供给保障有力、资源利用高效、产地环境良好、生态系统稳定、农民生活富裕、田园风光优美的农业可持续发展新格局基本确立。

三、重点任务

（一）优化发展布局，稳定提升农业产能

优化农业生产布局。按照“谷物基本自给、口粮绝对安全”的要求，坚持因地制宜，宜农则农、宜牧则牧、宜林则林，逐步建立起农业生产力与资源环境承载力相匹配的农业生产新格局。在农业生产与水土资源匹配较好地区，稳定发展有比较优势、区域性特色农业；在资源过度利用和环境问题突出地区，适度休养，调整结构，治理污染；在生态脆弱区，实施退耕还林还草、退牧还草等措施，加大农业生态建设力度，修复农业生态系统功能。

加强农业生产能力建设。充分发挥科技创新驱动作用，实施科教兴农战略，加强农业科技自主创新、集成创新与推广应用，力争在种业和资源高效利用等技

术领域率先突破，大力推广良种良法，到 2020 年农业科技进步贡献率达到 60%以上，着力提高农业资源利用率和产出水平。大力发展农机装备，推进农机农艺融合，到 2020 年主要农作物耕种收综合机械化水平达到 68%以上，加快实现粮棉油糖等大田作物生产全程机械化。着力加强农业基础设施建设，提高农业抗御自然灾害的能力。加强粮食仓储和转运设施建设，改善粮食仓储条件。发挥种养大户、家庭农场、农民合作社等新型经营主体的主力军作用，发展多种形式的适度规模经营，加强农业社会化服务，提高规模经营产出水平。

推进生态循环农业发展。优化调整种养业结构，促进种养循环、农牧结合、农林结合。支持粮食主产区发展畜牧业，推进"过腹还田"。积极发展草牧业，支持苜蓿和青贮玉米等饲草料种植，开展粮改饲和种养结合型循环农业试点。因地制宜推广节水、节肥、节药等节约型农业技术以及"稻鱼共生""猪沼果"、林下经济等生态循环农业模式。到 2020 年国家现代农业示范区和粮食主产县基本实现区域内农业资源循环利用；到 2030 年全国基本实现农业废弃物趋零排放。

（二）保护耕地资源，促进农田永续利用

稳定耕地面积。实行最严格的耕地保护制度，稳定粮食播种面积，严控新增建设占用耕地，确保耕地保有量在 18 亿亩以上，确保基本农田不低于 15.6 亿亩。划定永久基本农田，按照保护优先的原则，将城镇周边、交通沿线、粮棉油生产基地的优质耕地优先划为永久基本农田，实行永久保护。坚持耕地占补平衡数量与质量并重，全面推进建设占用耕地耕作层土壤剥离再利用。

提升耕地质量。采取深耕深松、保护性耕作、秸秆还田、增施有机肥、种植绿肥等土壤改良方式，增加土壤有机质，提升土壤肥力。恢复和培育土壤微生物群落，构建养分健康循环通道，促进农业废弃物和环境有机物分解。加强东北黑土地保护，减缓黑土层流失。开展土地整治、中低产田改造、农田水利设施建设，加大高标准农田建设力度，到 2020 年建成集中连片、旱涝保收的 8 亿亩高标准农田。到 2020 年和 2030 年全国耕地基础地力提升 0.5 个等级和 1 个等级以上，粮食产出率稳步提高。严格控制工矿企业排放和城市垃圾、污水等农业外源性污染。防治耕地重金属污染和有机污染，建立农产品产地土壤分级管理利用制度。

适度退减耕地。依据国务院批准的新一轮退耕还林还草总体方案，实施退耕还林还草，宜乔则乔、宜灌则灌、宜草则草，有条件的地方实行林草结合，增加植被盖度。

（三）节约高效用水，保障农业用水安全

实施水资源红线管理。确立水资源开发利用控制红线，到2020年和2030年全国农业灌溉用水量分别保持在3 720亿 m^3 和3 730亿 m^3。确立用水效率控制红线，到2020年和2030年农田灌溉水有效利用系数分别达到0.55和0.6以上。推进地表水过度利用和地下水超采区综合治理，适度退减灌溉面积。

推广节水灌溉。分区域规模化推进高效节水灌溉，加快农业高效节水体系建设，到2020年和2030年，农田有效灌溉率分别达到55%和57%，节水灌溉率分别达到64%和75%。发展节水农业，加大粮食主产区、严重缺水区和生态脆弱地区的节水灌溉工程建设力度，推广渠道防渗、管道输水、喷灌、微灌等节水灌溉技术，完善灌溉用水计量设施，到2020年发展高效节水灌溉面积2.88亿亩。加强现有大中型灌区骨干工程续建配套节水改造，强化小型农田水利工程建设和大中型灌区田间工程配套，增强农业抗旱能力和综合生产能力。积极推行农艺节水保墒技术，改进耕作方式，调整种植结构，推广抗旱品种。

发展雨养农业。在半干旱、半湿润偏旱区建设农田集雨、集雨窖等设施，推广地膜覆盖技术，开展粮草轮作、带状种植，推进种养结合。优化农作物种植结构，改良耕作制度，扩大优质耐旱高产品种种植面积，严格限制高耗水农作物种植面积，鼓励种植耗水少、附加值高的农作物。在水土流失易发地区，扩大保护性耕作面积。

（四）治理环境污染，改善农业农村环境

防治农田污染。全面加强农业面源污染防控，科学合理使用农业投入品，提高使用效率，减少农业内源性污染。普及和深化测土配方施肥，改进施肥方式，鼓励使用有机肥、生物肥料和绿肥种植，到2020年全国测土配方施肥技术推广覆盖率达到90%以上，化肥利用率提高到40%，努力实现化肥施用量零增长。推广高效、低毒、低残留农药、生物农药和先进施药机械，推进病虫害统防统治和绿色防控，到2020年全国农作物病虫害统防统治覆盖率达到40%，努力实现农药施用量零增长；京津冀、长三角、珠三角等区域提前一年完成。建设农田生态沟渠、污水净化塘等设施，净化农田排水及地表径流。综合治理地膜污染，推广加厚地膜，开展废旧地膜机械化捡拾示范推广和回收利用，加快可降解地膜研发，到2030年农业主产区农膜和农药包装废弃物实现基本回收利用。开展农产品产地环境监测与风险评估，实施重度污染耕地用途管制，建立健全全国农业环境监测体系。

综合治理养殖污染。支持规模化畜禽养殖场（小区）开展标准化改造和建设，提高畜禽粪污收集和处理机械化水平，实施雨污分流、粪污资源化利用，控制畜禽养殖污染排放。到2020年和2030年养殖废弃物综合利用率分别达到75%和90%以上，规模化养殖场畜禽粪污基本资源化利用，实现生态消纳或达标排放。在饮用水水源保护区、风景名胜区等区域划定禁养区、限养区，全面完善污染治理设施建设。截至2017年年底前，依法关闭或搬迁禁养区内的畜禽养殖场（小区）和养殖专业户，京津冀、长三角、珠三角等区域提前一年完成。建设病死畜禽无害化处理设施，严格规范兽药、饲料添加剂生产和使用，健全兽药质量安全监管体系。严格控制近海、江河、湖泊、水库等水域的养殖容量和养殖密度，开展水产养殖池塘标准化改造和生态修复，推广高效安全复合饲料，逐步减少使用冰鲜杂鱼饵料。

改善农村环境。科学编制村庄整治规划，加快农村环境综合整治，保护饮用水水源，加强生活污水、垃圾处理，加快构建农村清洁能源体系。推进规模化畜禽养殖区和居民生活区的科学分离。禁止秸秆露天焚烧，推进秸秆全量化利用，到2030年农业主产区农作物秸秆得到全面利用。开展生态村镇、美丽乡村创建，保护和修复自然景观和田园景观，开展农户及院落风貌整治和村庄绿化美化，整乡整村推进农村河道综合治理。注重农耕文化、民俗风情的挖掘展示和传承保护，推进休闲农业持续健康发展。

（五）修复农业生态，提升生态功能

增强林业生态功能。按照“西治、东扩、北休、南提”的思路，加快西部防沙治沙步伐，扩展东部林业发展的空间和内涵，开展北方天然林休养生息，提高南方林业质量和效益，全面提升林业综合生产能力和生态功能，到2020年森林覆盖率达到23%以上。加强天然林资源保护特别是公益林建设和后备森林资源培育。建立比较完善的平原农田防护林体系，到2020年和2030年全国农田林网控制率分别达到90%和95%以上。

保护草原生态。全面落实草原生态保护补助奖励机制，推进退牧还草、京津风沙源治理和草原防灾减灾。坚持基本草原保护制度，开展禁牧休牧、划区轮牧，推进草原改良和人工种草，促进草畜平衡，推动牧区草原畜牧业由传统的游牧向现代畜牧业转变。加快农牧交错带已垦草原治理，恢复草地生态。强化草原自然保护区建设。合理利用南方草地，保护和恢复南方高山草甸生态。到2020年和2030年全国草原综合植被盖度分别达到56%和60%。

恢复水生生态系统。采取流域内节水、适度引水和调水、利用再生水等措施，增加重要湿地和河湖生态水量，实现河湖生态修复与综合治理。加强水生生物自然保护区和水产种质资源保护区建设，继续实施增殖放流，推进水产养殖生态系统修复，到2020年全国水产健康养殖面积占水产养殖面积的65%，到2030年达到90%。加大海洋渔业生态保护力度，严格控制捕捞强度，继续实施海洋捕捞渔船减船转产，更新淘汰高耗能渔船。加强自然海岸线保护，适度开发利用沿海滩涂，重要渔业海域禁止实施围填海，积极开展以人工鱼礁建设为载体的海洋牧场建设。严格实施海洋捕捞准用渔具和过度渔具最小网目尺寸制度。

保护生物多样性。加强畜禽遗传资源和农业野生植物资源保护，加大野生动植物自然保护区建设力度，开展濒危动植物物种专项救护，完善野生动植物资源监测预警体系，遏制生物多样性减退速度。建立农业外来入侵生物监测预警体系、风险性分析和远程诊断系统，建设综合防治和利用示范基地，严格防范外来物种入侵。构建国家边境动植物检验检疫安全屏障，有效防范动植物疫病。

四、区域布局

针对各地农业可持续发展面临的问题，综合考虑各地农业资源承载力、环境容量、生态类型和发展基础等因素，将全国划分为优化发展区、适度发展区和保护发展区。按照因地制宜、梯次推进、分类施策的原则，确定不同区域的农业可持续发展方向和重点。

（一）优化发展区

包括东北区、黄淮海区、长江中下游区和华南区，是我国大宗农产品主产区，农业生产条件好、潜力大，但也存在水土资源过度消耗、环境污染、农业投入品过量使用、资源循环利用程度不高等问题。要坚持生产优先、兼顾生态、种养结合，在确保粮食等主要农产品综合生产能力稳步提高的前提下，保护好农业资源和生态环境，实现生产稳定发展、资源永续利用、生态环境友好。

——东北区。以保护黑土地、综合利用水资源、推进农牧结合为重点，建设资源永续利用、种养产业融合、生态系统良性循环的现代粮畜产品生产基地。在典型黑土带，综合治理水土流失，实施保护性耕作，增施有机肥，推行粮豆轮作。到2020年，适宜地区深耕深松全覆盖，土壤有机质恢复提升，土壤保水保肥能力显著提高。在三江平原等水稻主产区，控制水田面积，限制地下水开采，改井灌为渠灌，到2020年渠灌比重提高到50%，到2030年实现以渠灌为主。在农牧交错地带，积极推广农牧结合、粮草兼顾、生态循环的种养模式，种植青贮玉米和苜蓿，大力发展优质高产奶业和肉牛产业。推动适度规模化畜禽养殖，加大动物疫病区域化管理力度，推进“免疫无疫区”建设。在大小兴安岭等地区，加大森林草原保护建设力度，发挥其生态安全屏障作用，保护和改善农田生态系统。

——黄淮海区。以治理地下水超采、控肥控药和废弃物资源化利用为重点，构建与资源环境承载力相适应、粮食和“菜篮子”产品稳定发展的现代农业生产体系。在华北地下水严重超采区，因地制宜调整种植结构，适度压减高度依赖灌溉的作物种植；大力发展水肥一体化等高效节水灌溉，实行灌溉定额制度，加强灌溉用水水质管理，推行农艺节水和深耕深松、保护性耕作，到2020年地下水超采问题得到有效缓解。在淮河流域等面源污染较重地区，大力推广配方施肥、绿色防控技术，推行秸秆肥料化、饲料化利用；调整优化畜禽养殖布局，稳定生猪、肉禽和蛋禽生产规模，加强畜禽粪污处理设施建设，提高循环利用水平。在沿黄滩区因地制宜发展水产健康养殖。全面加强区域高标准农田建设，改造中低产田和盐碱地，配套完善农田林网。

——长江中下游区。以治理农业面源污染和耕地重金属污染为重点，建立水稻、生猪、水产健康安全生产模式，确保农产品质量，巩固农产品主产区供给地位，改善农业农村环境。科学施用化肥农药，通过建设拦截坝、种植绿肥等措施，减少化肥、农药对农田和水域的污染；推进畜禽养殖适度规模化，在人口密集区域适当减少生猪养殖规模，加快畜禽粪污资源化利用和无害化处理，推进农村垃圾和污水治理。加强渔业资源保护，大力发展滤食性、草食性净水鱼类和名优水产品生产，加大标准化池塘改造，推广水产健康养殖，积极开展增殖放流，发展稻田养鱼。严控工矿业污染排放，从源头上控制水体污染，确保农业用水水质。加强耕地重金属污染治理，增施有机肥，实施秸秆还田，施用钝化剂，建立缓冲带，优化种植结构，减轻重金属污染对农业生产的影响。到2020年，污染治理区食用农产品达标生产，农业面源污染扩大的趋势得到有效遏制。

——华南区。以减量施肥用药、红壤改良、水土流失治理为重点，发展生态农业、特色农业和高效农业，构建优质安全的热带亚热带农产品生产体系。大力开展专业化统防统治和绿色防控，推进化肥农药减量施用，治理水土流失，加大红壤改良力度，建设生态绿色的热带水果、冬季瓜菜生产基地。恢复林草植被，发展水源涵养林、用材林和经济林，减少地表径流，防止土壤侵蚀；改良山地草场，加快发展地方特色畜禽养殖。加强天然渔业资源养护、水产原种保护和良种培育，扩大增殖放流规模，推广水产健康养殖。到2020年，农业资源高效利用，生态农业建设取得实质性进展。

（二）适度发展区

包括西北及长城沿线区、西南区，农业生产特色鲜明，但生态脆弱，水土配置错位，资源性和工程性缺水严重，资源环境承载力有限，农业基础设施相对薄弱。要坚持保护与发展并重，立足资源环境禀赋，发挥优势、扬长避短，适度挖掘潜力、集约节约、有序利用，提高资源利用率。

——西北及长城沿线区。以水资源高效利用、草畜平衡为核心，突出生态屏障、特色产区、稳农增收三大功能，大力发展旱作节水农业、草食畜牧业、循环农业和生态农业，加强中低产田改造和盐碱地治理，实现生产、生活、生态互利共赢。在雨养农业区，实施压夏扩秋，调减小麦种植面积，提高小麦单产，扩大玉米、马铃薯和牧草种植面积，推广地膜覆盖等旱作农业技术，建立农膜回收利用机制，逐步实现基本回收利用。修建防护林带，增强水源涵养功能。在绿洲农业区，大力发展高效节水灌溉，实施续建配套与节水改造，完善田间灌排渠系，增加节水灌溉面积，到2020年实现节水灌溉全覆盖，并在严重缺水地区实行退地减水，严格控制地下水开采。在农牧交错区，推进粮草兼顾型农业结构调整，通过坡耕地退耕还草、粮草轮作、种植结构调整、已垦草原恢复等形式，挖掘饲草料生产潜力，推进草食畜牧业发展。在草原牧区，继续实施退牧还草工程，保护天然草原，实行划区轮牧、禁牧、舍饲圈养，控制草原鼠虫害，恢复草原生态。

——西南区。突出小流域综合治理、草地资源开发利用和解决工程性缺水，在生态保护中发展特色农业，实现生态效益和经济效益相统一。通过修筑梯田、客土改良、建设集雨池，防止水土流失，推进石漠化综合治理，到2020年治理石漠化面积40%以上。加强林草植被的保护和建设，发展水土保持林、水源涵养林和经济林，开展退耕还林还草，鼓励人工种草，合理开发利用草地资源，发展生态畜牧业。严格保护平坝水田，稳定水稻、玉米面积，扩大马铃薯种植，发展高山夏秋冷凉特色农作物生产。

（三）保护发展区

包括青藏区和海洋渔业区，在生态保护与建设方面具有特殊重要的战略地位。青藏区是我国大江大河的发源地和重要的生态安全屏障，高原特色农业资源丰富，但生态十分脆弱。海洋渔业区发展较快，也存在着渔业资源衰退、污染突出的问题。要坚持保护优先、限制开发，适度发展生态产业和特色产业，让草原、海洋等资源得到休养生息，促进生态系统良性循环。

——青藏区。突出三江源头自然保护区和三江并流区的生态保护，实现草原生态整体好转，构建稳固的国家生态安全屏障。保护基本口粮田，稳定青稞等高原特色粮油作物种植面积，确保区域口粮安全，适度发展马铃薯、油菜、设施蔬菜等产品生产。继续实施退牧还草工程和草原生态保护补助奖励机制，保护天然草场，积极推行舍饲半舍饲养殖，以草定畜，实现草畜平衡，有效治理鼠虫害、毒草，遏制草原退化趋势。适度发展牦牛、绒山羊、藏系绵羊为主的高原生态畜牧业，加强动物防疫体系建设，保护高原特有鱼类。

——海洋渔业区。严格控制海洋渔业捕捞强度，限制海洋捕捞机动渔船数量和功率，加强禁渔期监管。稳定海水养殖面积，改善近海水域生态质量，大力开展水生生物资源增殖和环境修复，提升渔业发展水平。积极发展海洋牧场，保护海洋渔业生态。到2020年，海洋捕捞机动渔船数量和总功率明显下降。

五、重大工程

围绕重点建设任务，以最急需、最关键、最薄弱的环节和领域为重点，统筹安排中央预算内投资和财政资金，调整盘活财政支农存量资金，安排增量资金，积极引导带动地方和社会投入，组织实施一批重大工程，全面夯实农业可持续发展的物质基础。

（一）水土资源保护工程

高标准农田建设项目。以粮食主产区、非主产区产粮大县为重点，兼顾棉花、油料、糖料等重要农产品优势产区，开展土地平整，建设田间灌排沟渠及机井、节水灌溉、小型集雨蓄水、积肥设施等基础设施，修建农田道路、农田防护林、输配电设施，推广应用先进适用耕作技术。

耕地质量保护与提升项目。在全国范围内分区开展土壤改良、地力培肥和养分平衡，防止耕地退化，提高耕地基础地力和产出能力。在东北区开展黑土地保护，实施深耕深松、秸秆还田、培肥地力，配套有机肥堆沤场，推广粮豆轮作；防治水土流失，实施改垄、修建等高地埂植物带、推进等高种植和建设防护林带等措施。在黄淮海区开展秸秆还田、深耕深松、砂礓黑土改良、水肥一体化、种植结构调整和土壤盐渍化治理。在长江中下游区及华南区开展绿肥种植、增施有机肥、秸秆还田、冬耕翻土晒田、施用石灰深耕改土等。开展建设占用耕地的耕作层剥离试点，剥离的耕作层重点用于土地开发复垦、中低产田改造等。

耕地重金属污染治理项目。在南方水稻产区等重金属污染突出区域，改造现有灌溉沟渠，修建植物隔离带或人工湿地缓冲带，减低灌溉水源中重金属含量；在轻中度污染区实施以农艺技术为主的修复治理，改种低积累水稻、玉米等粮食作物和经济作物，在重度污染区改种非食用作物或高富集树种；完善土壤改良配套设施，建设有机肥、钝化剂等野外配制场所，配备重度污染区农作物秸秆综合利用设施设备。

水土保持与坡耕地改造项目。以小流域为单元，以水源保护为中心，配套修建塘坝窖池，配合实施沟道整治和小型蓄水保土工程，加强生态清洁小流域建设。在水土流失严重、人口密度大、坡耕地集中地区，尤其是关中盆地、四川盆地以及南方部分地区，建设坡改梯及其配套工程。

高效节水项目。加强大中型灌区续建配套节水改造建设，改善灌溉条件。在西北地区改造升级现有滴灌设施，新建一批玉米、林果等喷灌、滴灌设施，推广全膜双垄沟播等旱作节水技术。在东北地区西部推行滴灌等高效节水灌溉，水稻区推广控制灌溉等节水措施。在黄淮海区重点发展井灌区管道输水灌溉，推广喷灌、微灌、集雨节灌和水肥一体化技术。在南方地区发展管道输水灌溉，加快水稻节水防污型灌区建设。

地表水过度开发和地下水超采区治理项目。在地表水源有保障、基础条件较好地区积极发展水肥一体化等高效节水灌溉。在地表水和地下水资源过度开发地区，退减灌溉面积，调整种植结构，减少高耗水作物种植面积，进一步加大节水力度，实施地下水开采井封填、地表水取水口调整处置和用水监测、监控措施。在具备条件的地区，可适度采取地表水替代地下水灌溉。

农业资源监测项目。充分利用现有资源，建设和完善遥感、固定观测和移动监测等一体化的农业资源监测体系，建立耕地质量和土壤墒情、重金属污染、农业面源污染、土壤环境监测网点，建立土壤样品库、信息中心和耕地质量数据平台，健全农业灌溉用水、地表水和地下水监测监管体系，建设农业资源环境大数据中心，推动农业资源数据共建共享。

（二）农业农村环境治理工程

畜禽粪污综合治理项目。在污染严重的规模化生猪、奶牛、肉牛养殖场和养殖密集区，按照干湿分离、雨污分流、种养结合的思路，建设一批畜禽粪污原地收集储存转运、固体粪便集中堆肥或能源化利用、污水高效生物处理等设施和有机肥加工厂。在畜禽养殖优势省区，以县为单位建设一批规模化畜禽养殖场废弃物处理与资源化利用示范点、养殖密集区畜禽粪污处理和有机肥生产设施。

化肥农药氮磷控源治理项目。在典型流域，推广测土配方施肥技术，增施有机肥，推广高效肥和化肥深施、种肥同播等技术；实施平缓型农田氮磷净化，开展沟渠整理，清挖淤泥，加固边坡，合理配置水生植物群落，配置格栅和透水坝；实施坡耕地氮磷拦截再利用，建设坡耕地生物拦截带和径流集蓄再利用设施。实施农药减量控害，推进病虫害专业化统防统治和绿色防控，推广高效低毒农药和高效植保机械。

农膜和农药包装物回收利用项目。在农膜覆盖量大、残膜问题突出的地区，加快推广使用加厚地膜和可降解农膜，集成示范推广农田残膜捡拾、回收相关技术，建设废旧地膜回收网点和再利用加工厂，建设一批农田残膜回收与再利用示范县。在农药使用量大的农产品优势区，建设一批农药包装废弃物回收站和无害化处理站，建立农药包装废弃物处置和危害管理平台。

秸秆综合利用项目。实施秸秆机械还田、青黄贮饲料化利用，实施秸秆气化集中供气、供电和秸秆固化成型燃料供热、材料化致密成型等项目。配置秸秆还田深翻、秸秆粉碎、捡拾、打包等机械，建立健全秸秆收储运体系。

农村环境综合整治项目。采取连片整治的推进方式，综合治理农村环境，建立村庄保洁制度，建设生活污水、垃圾、粪便等处理和利用设施设备，保护农村饮用水水源地。实施沼气集中供气，推进农村省柴节煤炉灶炕升级换代，推广清洁炉灶、可再生能源和产品。

（三）农业生态保护修复工程

新一轮退耕还林还草项目。在符合条件的25°以上坡耕地、严重沙化耕地和重要水源地15°~25°坡耕地，实施新一轮退耕还林还草，在农民自愿的前提下植树种草。按照适地适树的原则，积极发展木本粮油。

草原保护与建设项目。继续实施天然草原退牧还草、京津风沙源草地治理、三江源生态保护与建设等工程，开展草原自然保护区建设和南方草地综合治理，建设草原灾害监测预警、防灾物资保障及指挥体系等基础设施。到2020年，改良草原9亿亩，人工种草4.5亿亩。在农牧交错带开展已垦草原治理，平整弃耕地，建设旱作优质饲草基地，恢复草原植被。开展防沙治沙建设，保护现有植被，合理调配生态用水，固定流动和半流动沙丘。

石漠化治理项目。在西南地区，重点开展封山育林育草、人工造林和草地建设，建设和改造坡耕地，配套相应水利水保设施。在石漠化严重地区，开展农村能源建设和易地扶贫搬迁，控制人为因素产生新的石漠化现象。

湿地保护项目。继续强化湿地保护与管理，建设国际重要湿地、国家重要湿地、湿地自然保护区、湿地公园以及湿地多用途管理区。通过退耕还湿、湿地植被恢复、栖息地修复、生态补水等措施，对已垦湿地以及周边退化湿地进行治理。

水域生态修复项目。在淡水渔业区，推进水产养殖污染减排，升级改造养殖池塘，改扩建工厂化循环水养殖设施，对湖泊水库的规模化网箱养殖配备环保网箱、养殖废水废物收集处理设施。在海洋渔业区，配置海洋渔业资源调查船，建设人工鱼礁、海藻场、海草床等基础设施，发展深水网箱养殖。继续实施渔业转产转业及渔船更新改造项目，加大减船转产力度。在水源涵养区，综合运用截污治污、河湖清淤、生物控制等，整治生态河道和农村沟塘，改造渠化河道，推进水生态修复。开展水生生物资源环境调查监测和增殖放流。

农业生物资源保护项目。建设一批农业野生植物原生境保护区、国家级畜禽种质资源保护区、水产种质资源保护区、水生生物自然保护区和外来入侵物种综合防控区，建立农业野生生物资源监测预警中心、基因资源鉴定评价中心和外来入侵物种监测网点，强化农业野生生物资源保护。

（四）试验示范工程

农业可持续发展试验示范区建设项目。选择不同农业发展基础、资源禀赋、环境承载能力的区域，建设东北黑土地保护、西北旱作区农牧业可持续发展、黄淮海地下水超采综合治理、长江中下游耕地重金属污染综合治理、西南华南石漠化治理、西北农牧交错带草食畜牧业发展、青藏高原草地生态畜牧业发展、水产养殖区渔业资源生态修复、畜禽污染治理、农业废弃物循环利用 10 个类型的农业可持续发展试验示范区。加强相关农业园区之间的衔接，优先在具备条件的国家现代农业示范区、国家农业科技园区内开展农业可持续发展试验示范工作。通过集成示范农业资源高效利用、环境综合治理、生态有效保护等领域先进适用技术，探索适合不同区域的农业可持续发展管理与运行机制，形成可复制、可推广的农业可持续发展典型模式，打造可持续发展农业的样板。

六、保障措施

（一）强化法律法规

完善相关法律法规和标准。研究制修订土壤污染防治法以及耕地质量保护、黑土地保护、农药管理、肥料管理、基本草原保护、农业环境监测、农田废旧地膜综合治理、农产品产地安全管理、农业野生植物保护等法规规章，强化法制保障。完善农业和农村节能减排法规体系，健全农业各产业节能规范、节能减排标准体系。制修订耕地质量、土壤环境质量、农用地膜、饲料添加剂重金属含量等标准，为生态环境保护与建设提供依据。

加大执法与监督力度。健全执法队伍，整合执法力量，改善执法条件。落实农业资源保护、环境治理和生态保护等各类法律法规，加强跨行政区资源环境合作执法和部门联动执法，依法严惩农业资源环境违法行为。开展相关法律法规执行效果的监测与督察，健全重大环境事件和污染事故责任追究制度及损害赔偿制度。

（二）完善扶持政策

加大投入力度。健全农业可持续发展投入保障体系，推动投资方向由生产领域向生产与生态并重转变，投资重点向保障国家粮食安全和主要农产品供给、推进农业可持续发展倾斜。充分发挥市场配置资源的决定性作用，鼓励引导金融资本、社会资本投向农业资源利用、环境治理和生态保护等领域，构建多元化投入机制。完善财政等激励政策，落实税收政策，推行第三方运行管理、政府购买服务、成立农村环保合作社等方式，引导各方力量投向农村资源环境保护领域。将农业环境问题治理列入利用外资、发行企业债券的重点领域，扩大资金来源渠道。切实提高资金管理和使用效益，健全完善监督检查、绩效评价和问责机制。

健全完善扶持政策。继续实施并健全完善草原生态保护补助奖励、测土配方施肥、耕地质量保护与提升、农作物病虫害专业化统防统治和绿色防控、农机具购置补贴、动物疫病防控、病死畜禽无害化处理补助、农产品产地初加工补助等政策。研究实施精准补贴等措施，推进农业水价综合改革。建立健全农业资源生态修复保护政策。支持优化粮饲种植结构，开展青贮玉米和苜蓿种植、粮豆粮草轮作；支持秸秆还田、深耕深松、生物炭改良土壤、积造施用有机肥、种植绿肥；支持推广使用高标准农膜，开展农膜和农药包装废弃物回收再利用。继续开展渔业增殖放流，落实好公益林补偿政策，完善森林、湿地、水土保持等生态补偿制度。建立健全江河源头区、重要水源地、重要水生态修复治理区和蓄滞洪区生态补偿机制。完善优质安全农产品认证和农产品质量安全检验制度，推进农产品质量安全信息追溯平台建设。

（三）强化科技和人才支撑

加强科技体制机制创新。加强农业可持续发展的科技工作，在种业创新、耕地地力提升、化学肥料农药减施、高效节水、农田生态、农业废弃物资源化利用、环境治理、气候变化、草原生态保护、渔业水域生态环境修复等方面推动协同攻关，组织实施好相关重大科技项目和重大工程。创新农业科研组织方式，建立全国农业科技协同创新联盟，依托国家农业科技园区及其联盟，进一步整合科研院所、高校、企业的资源和力量。健全农业科技创新的绩效评价和激励机制。充分利用市场机制，吸引社会资本、资源参与农业可持续发展科技创新。

促进成果转化。建立科技成果转化交易平台，按照利益共享、风险共担的原则，积极探索“项目+基地+企业”“科研院所+高校+生产单位+龙头企业”等现代农业技术集成与示范转化模式。进一步加大基层农技推广体系改革与建设力度。创新科技成果评价机制，按照规定对于在农业可持续发展领域有突出贡献的技术人才给予奖励。

强化人才培养。依托农业科研、推广项目和人才培训工程，加强资源环境保护领域农业科技人才队伍建设。充分利用农业高等教育、农民职业教育等培训渠道，培养农村环境监测、生态修复等方面的技能型人才。在新型职业农民培育及农村实用人才带头人示范培训中，强化农业可持续发展的理念和实用技术培训，为农业可持续发展提供坚实的人才保障。

加强国际技术交流与合作。借助多双边和区域合作机制，加强国内农业资源环境与生态等方面的农业科技交流合作，加大国外先进环境治理技术的引进、消化、吸收和再创新力度。

（四）深化改革创新

推进农业适度规模经营。坚持和完善农村基本经营制度，坚持农民家庭经营主体地位，引导土地经营权规范有序流转，支持种养大户、家庭农场、农民合作社、产业化龙头企业等新型经营主体发展，推进多种形式适度规模经营。现阶段，对土地经营规模相当于当地户均承包地面积10~15倍，务农收入相当于当地二三产业务工收入的给予重点支持。积极稳妥地推进农村土地制度改革，允许农民以土地经营权入股发展农业产业化经营。

健全市场化资源配置机制。建立健全农业资源有偿使用和生态补偿机制。推进农业水价改革，制定水权转让、交易制度，建立合理的农业水价形成机制，推行阶梯水价，引导节约用水。建立农业碳汇交易制度，促进低碳发展。培育从事农业废弃物资源化利用和农业环境污染治理的专业化企业和组织，探索建立第三方治理模式，实现市场化有偿服务。

树立节能减排理念。引导全社会树立勤俭节约、保护生态环境的观念，改变不合理的消费和生活方式。发展低碳经济，践行科学发展。加大宣传力度，倡导科学健康的膳食结构，减少食物浪费。鼓励企业和农户增强节能减排意识，按照减量化和资源化的要求，降低能源消耗，减少污染排放，充分利用农业废弃物，自觉履行绿色发展、建设节约型社会的责任。

建立社会监督机制。发挥新闻媒体的宣传和监督作用，保障对农业生态环境的知情权、参与权和监督权，广泛动员公众、非政府组织参与保护与监督。逐步推行农业生态环境公告制度，健全农业环境污染举报制度，广泛接受社会公众的监督。

（五）用好国际市场和资源

合理利用国际市场。依据国内资源环境承载力、生产潜能和农产品需求，确定合理的自给率目标和农产品进口优先序，合理安排进口品种和数量，把握好进口节奏，保持国内市场稳定，缓解国内资源环境压力。加强进口农产品检验检疫和质量监督管理，完善农业产业损害风险评估机制，积极参与国际与区域农业政策以及农业国际标准制定。

提升对外开放质量。引导企业投资境外农业，提高国际影响力。培育具有国际竞争力的粮棉油等大型企业，支持到境外特别是与周边国家开展互利共赢的农业生产和贸易合作，完善相关政策支持体系。

（六）加强组织领导

建立部门协调机制。建立由有关部门参加的农业可持续发展部门协调机制，加强组织领导和沟通协调，明确工作职责和任务分工，形成部门合力。省级人民政府要围绕规划目标任务，统筹谋划，强化配合，抓紧制定地方农业可持续发展规划，积极推动重大政策和重点工程项目的实施，确保规划落到实处。

完善政绩考核评价体系。创建农业可持续发展的评价指标体系，将耕地红线、资源利用与节约、环境治理、生态保护纳入地方各级政府绩效考核范围。对领导干部实行自然资源资产离任审计，建立生态破坏和环境污染责任终身追究制度和目标责任制，为农业可持续发展提供保障，见下附图、附表所示。

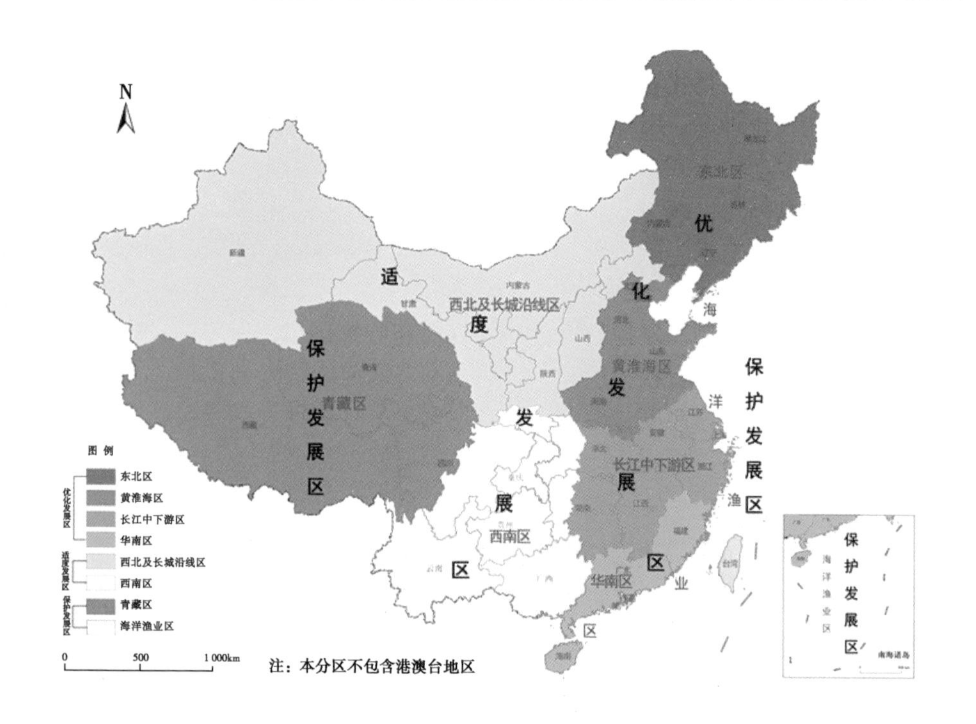

附图　中国农业可持续发展分区

附表　农业可持续发展分区情况

分区		区域范围
优化发展区	东北区	黑龙江、吉林、辽宁，内蒙古东部
	黄淮海区	北京、天津，河北中南部，河南、山东，安徽、江苏北部
	长江中下游区	江西、浙江、上海，江苏、安徽中南部，湖北、湖南大部
	华南区	福建、广东、海南
适度发展区	西北及长城沿线区	新疆、宁夏，甘肃大部，山西、陕西中北部，内蒙古中西部，河北北部
	西南区	广西、贵州、重庆，陕西南部，四川东部，云南大部，湖北、湖南西部
保护发展区	青藏区	西藏、青海，甘肃藏区，四川西部，云南西北部
	海洋渔业区	我国管辖海域

农业部关于加快推进农业清洁生产的意见

为贯彻落实《中华人民共和国清洁生产促进法》，进一步推进农业清洁生产，转变农业发展方式，建设现代农业，促进农业农村经济又好又快发展，现就加快推进农业清洁生产有关工作提出以下意见。

一、进一步增强推进农业清洁生产的责任感和紧迫感

长期以来，我国依赖于资源高强度开发、生产要素高度集中的农业生产方式，导致环境污染和资源利用效率不高，制约农业农村经济的持续稳定发展。推进农业清洁生产，转变农业增长方式，不仅是防治农业环境污染和保障农产品质量安全的需要，也是降低农业生产成本、保障农民收入持续增长的迫切任务。

（一）农业清洁生产是建设现代农业的重要保证

我国人口多，资源约束性强，农业农村经济发展方式相对粗放，资源浪费严重、环境污染加剧的问题日益突出，农业农村经济持续健康发展越来越受到资源环境的制约，农业综合生产能力和生产水平登上新台阶的难度加大。农业清洁生产改变以往农业发展过度依赖大量外部物质投入的生产方式，用循环经济的理念发展农业生产，实现资源利用节约化、生产过程清洁化、废物循环再生化，有利于缓解我国农业农村经济发展资源环境约束，是推进现代农业建设的重要途径。

（二）农业清洁生产是农产品质量安全的源头保障

工业“三废”造成的农业环境污染正在由局部向整体蔓延，污水灌溉农田面积不断增加，农村每天产生的生活垃圾、生活污水，大部分随意丢弃和排放，农产品产地环境污染加剧，严重威胁着农产品质量安全。部分地区农业自身造成的面源污染日趋严重，成为水体富营养化的重要原因之一，集约化农区地下水硝酸盐污染也呈上升趋势。农业清洁生产通过源头预防、过程控制和末端治理，严格控制外源污染，减少农业自身污染物排放，对防治农产品产地环境污染、保障农产品质量安全具有重要作用。

（三）农业清洁生产是促进农业增效和农民增收的有效途径

农业清洁生产实行生产过程清洁化，大力推广应用低污染的环境友好型种植养殖技术，合理使用化肥、农药、饲料等投入品，节约了生产成本。通过资源的梯级利用，建立多层次、多功能的综合生产体系，充分挖掘农业内部增值潜力，

增加附加值，提高农业的质量和效益，为农业增效、农民增收提供有效途径。

二、加强农产品产地污染源头预防

（一）控制城市和工业“三废”污染

各级农业行政主管部门要配合环境保护行政主管部门，加强对本辖区内农产品产地周边污染源的监管，严禁向农产品产地排放或倾倒废气、废水、废油、固体废物，严禁直接把城镇垃圾、污泥直接用作肥料，严禁在农产品产地堆放、贮存、处理固体废弃物。在农产品产地周边堆放、贮存、处理固体废弃物的，必须采取切实有效措施，防止造成农产品产地污染。引导乡镇企业聚集发展，完善排污综合治理设施。加大对污染企业的整治力度，依法“取缔关停一批、淘汰退出一批、限期治理一批”，严格控制新上污染企业，加强对重金属污染源的监管。

（二）加强农业生产投入品管理

加强对化肥、农药、农膜、饵料、饲料添加剂等农业投入品的监管，健全化肥、农药销售登记备案制度，禁止将有毒、有害废物用于肥料或造田。实施水产苗种生产许可制度，加强水产苗种监督管理，科学投饵，合理用药。加大对违法违禁生产、销售和使用高毒、高残留、有害农业投入品的处罚力度，营造生产、销售和使用安全农业投入品的良好氛围与环境。

三、推进农业生产过程清洁化

（一）推广节肥节药节水技术

深入开展测土配方施肥、精准农业技术，鼓励农民开展秸秆还田、种植绿肥、增施有机肥。优化配置肥料资源，合理调整施肥结构，改进施肥方式，提高肥料利用率。科学合理使用高效、低毒、低残留农药和先进施药机械，配置杀虫灯，建立多元化、社会化病虫害防治专业服务组织，大力推进专业化统防统治，推广绿色植保技术，进行病虫抗药性监测与治理，提高防治效果和农药利用率，减少农药用量。大力推广节水农业技术，不断提高水资源利用率，缓解水资源供给矛盾。

（二）发展畜禽清洁养殖

加快畜牧业生产方式转变，合理布局畜禽养殖场（小区），推行农牧结合和生态养殖模式，实现畜牧业与种植业协调发展。科学配制饲料，规范饲料添加剂使用，提高饲料利用率，减少氮、磷等排放。制定畜禽养殖废弃物综合利用规划，推广雨污分流、干湿分离和设施化处理等先进适用的污染防治技术，以生猪、奶牛等标准化规模养殖场（小区）建设项目和大中型畜禽养殖场沼气工程为重点，加强粪污处理设施建设，推进畜禽废弃物的无害化治理和利用。

（三）推进水产健康养殖

制定和完善水产养殖环境技术标准，加强养殖水域滩涂规划和养殖证核发工作，加强水域环境监测力度，合理调整养殖布局，科学确定养殖密度。加快推进养殖池塘标准化、改造，改善养殖环境和生产条件。建立标准化水产健康养殖示范场（区），普及推广生态健康水产养殖方式。积极推广安全高效人工配合饲料、工厂化循环水产养殖、水质调控技术和环保装备，减少污染排放。

四、加大农业面源污染治理力度

（一）实施农田氮磷拦截

在现有农田排灌渠道基础上，通过生物措施和工程措施相结合，改造修建生态拦截沟，吸附降解农田退水中的营养元素，改善净化水质，促其循环再利用，减少农田氮磷流失。

（二）推进农村废弃物资源化利用

以村为单位，因地制宜建设秸秆、粪便、生活垃圾、污水等废弃物处理利用设施，大力发展农村沼气，推进人畜粪便、生活垃圾、污水、秸秆的资源化利用。制定相关政策措施，加快农膜技术装备的推广应用，鼓励引导农民使用厚度大于 0.008mm 的地膜，回收利用废旧地膜，解决农田“白色污染”。

五、保障措施

（一）强化组织领导

各级农业部门要高度重视，由主管领导牵头负责本地区农业清洁生产工作，真正把农业清洁生产工作列入重要议事日程。建立农业清洁生产工作责任制，把目标和工作任务分解到各层级、各单位，强化监督管理和服务，严格绩效考核。

（二）完善政策法规

要研究制定农业清洁生产的相关政策法规和管理制度，建立完善农业清洁生产标准规范。积极争取资金投入，加大对农业清洁生产重点项目、重大工程、技术推广的支持力度。结合本地实际，把农业清洁生产作为当地制定产业发展规划的重要内容，调整产业结构。

（三）加强科技支撑

整合优势科技力量，集中开展农业清洁生产关键技术研发，尽快取得一批新成果、新技术、新工艺和新设备。同时，对现有的单项成熟技术进行集成配套，形成适宜于不同地区的技术模式，进一步扩大推广应用规模和范围。大力推进国际交流与合作，引进发达国家的先进技术和成功经验。

（四）强化宣传培训

利用广播、电视、报纸、网络等新闻媒体，广泛开展农业清洁生产宣传活动，提高广大农民群众的意识。把农业清洁生产作为农民培训的重要内容，加强对农民清洁生产技术培训，逐步使农业清洁生产变成广大农民的自觉行动。